A:LANNA

Finsteraarhorn
gegen Nordwesten.

Finsteraarhornfahrt.

Von

Abraham Roth.

Mit einer Abbildung des Finsteraarhorns

und

einer Karte der Finsteraarhorn - Gegend.

1863.

Springer-Verlag Berlin Heidelberg GmbH

Additional material to this book can be downloaded from http://extras.springer.com

ISBN 978-3-662-23694-9   ISBN 978-3-662-25783-8 (eBook)
DOI 10.1007/978-3-662-25783-8

Inhalt.

		Seite
Einleitung	. . . .	1
Eine Nacht und ein Tag	. . . .	9
's schön Anneli	. . . .	27
Das Horn	. . . .	73
Irrfahrten	. . . .	98
Schluss	. . . .	111

Einleitung.

Einige Tage nach unserer im Sommer 1860 bewerkstelligten Ersteigung des Wetterhorns *) schlenderten mein Hauptführer und ich zwecklos im Rosenlauithal herum und freuten uns unseres Daseins. Es lässt sich nirgends so schön bummeln, wie am Strande der Seen und auf hohen grünen Bergen, den blauen Wasserspiegel oder den weissen Firn im Gesicht. Wir lagerten uns in den Schatten eines Ahorns und staunten noch einmal nach den prächtigen Massen des Wetterhorns, um die Wanderung in der Erinnerung zu wiederholen.

— Was meint Ihr, Kaspar? wenn man einmal den da überwunden hat, so kommt man noch auf manches andere Berglein hinauf?

— Denk' wohl.

— Ich bin zufrieden mit Euch, und wenn Ihr's mit mir ebenso seid, dann können wir zusammen einen

---

*) Siehe des Verfassers „Gletscherfahrten in den Berner Alpen" Berlin, Springer. 1861.

Blick in die Zukunft werfen. Welchen sollen wir das nächste Mal d'ran kriegen?

— Wer glücklich auf das Wetterhorn gekommen ist, hat sich vor dem Finsteraarhorn nicht zu fürchten.

— Sapperment, Ihr wollt mich g'rad' auf den Allerhöchsten spediren? Das ist denn aber doch ein anderer Kamerad.

— Höher, aber nicht wüster.

— Kennt Ihr ihn? War't Ihr schon oben?

— Oben noch nicht; aber d'rum herum habe ich gejagt, und ich fand, dass er eine anständige Höhe hat, auch von drei Seiten schauderhaft stotzig ist, von der vierten aber für unser Einen so zugänglich, wie ein sprödes Meidschi, dem man vom Heirathen spricht. Trotzdem wäre ich der Meinung, wir sollten zu dieser Arbeit den alten Jaun mitnehmen.

Den alten Jaun kannte ich bereits von Ruf. Er war auch einer jener kühnen Führer von Agassiz, denen kein Geier zu hoch in der Luft, kein Teufel zu tief in der Hölle, sie packten ihn doch, und was mir ein Bekannter einst über ihn aus einer Wetterhornbesteigung mitgetheilt, gewann mich vollends für den Mann. Eine kleine Karavane stieg von der Lauteraar aus nach dem genannten Berg, und der Weg führte irgendwo über eine sehr abschüssige, schwindlige Felsenwand, bei deren Ueberschreitung einer der Reisenden schon im Aufsteigen sich keine Lorbeeren holte. Auf der Rückkehr an die nämliche Wand gelangt, war der Unglückliche so sehr von Müdigkeit erschöpft und vom Schwindel verwirrt, dass er die Führer in die grösste Verlegenheit setzte. An ein Tragen des Mannes war auf der äusserst schmalen Passage nicht zu denken, der Reisende selbst aber bat mit dem Jammer des Verzweifelnden, der lieber thatlos dem sicheren

Tod in's Auge starrt, als mittelst einer Kraftanstrengung sich zur Rettung hindurcharbeitet, man möge ihn doch ja um Gottes Willen seinem Schicksal überlassen, über die schaurige Wand komme er in keinem Falle mehr. Auf dieses wird Jaun wild, und der Zorn gibt ihm seinen Entschluss ein. Er fasst das nächstliegende Seil und windet es drei, vier Mal fest um den Leib des Touristen; wie der Knoten geschürzt ist, packt er seinen noch liegenden Mann mit nerviger Faust am Kreuz, hebt ihn mit einem den Schwingern wohlbekannten Ruck in die Luft, stellt ihn auf die Beine, Front gegen den Abgrund, und donnert ihn von hinten an: „Vorwärts, Herr! Beide oder Keiner." Dem überraschten Reisenden ist es, der Satan habe ihn am Kragen; halb schwebend, halb gehend fühlt er sich in die entsetzliche Wand hinausgestossen, vor den Augen flimmert's ihm, aber — gleich als wäre aus dem zu eisernen Sehnen angeschwollenen Arm des Führers ein elektrischer Strahl in ihn gefahren — die Beine tragen ihn doch und zappeln maschinenmässig fort; Jaun hält sich indessen mit der Linken am zackigen Felsen und stösst mit der Rechten sein Opfer unaufhaltsam vor sich her. Eine oder zwei Minuten dauerte die waghalsige Tour, bei welcher die nächste Möglichkeit allerdings die war, dass alle Beide in den Abgrund rollten. Der Himmel aber segnete die rettende That.

Man begreift, dass ich, dieses Stückleins mich erinnernd, meinem Führer antwortete:

— Sprecht mit dem Jaun, der Mann gefällt mir.

Manche Woche war seit dieser Verabredung, die im folgenden Jahr erst zur Ausführung kommen sollte, verstrichen, und man sah die Vorberge der Alpen bereits mit leisem Schnee bekleidet, als Kaspar seinen üblichen Herbstgang in die Stadt herunter machte, beladen mit der gewohnten Beute von Kristallen und geschossenen Vögeln. Schon von weitem bemerkte ich, dass in der Zwischenzeit mit dem jungen Mann eine Veränderung vorgegangen sein musste: vom Kopf bis zum Fuss trug er sich neu in dunkelgrauem Grobtuch, und auf den Schnitt des Wamses schien eine besondere Sorgfalt verwendet; unter dem übergeschlagenen weissen Hemdkragen hervor schaute mit langen Zipfeln ein schwarzseidenes Halstuch, den Knoten so zierlich geschürzt, wie ihn nur eine weibliche Hand zu gestalten vermag. Aus dem Gesicht aber strahlte die helle Fröhlichkeit.

— Was ist's mit Euch, Kaspar? Ich wette Zwanzig an Eins, Ihr habt einen Schatz.

— Nein, eine Frau.

— Herrschaft von Mannheim! geht es im Oberland auch schon per Eisenbahn? Na, da ist wieder einmal ein stilles Wasser tief gewesen. Wer hätte Euch solche hochverrätherische Gedanken zugetraut! Im Uebrigen gratulire ich und nehme an, es wird ein gelungenes Meiringer Kind sein.

— Nit bös.

— Ah, jetzt finde ich ein Indicium. Ihr verglichet mir diesen Sommer das Finsteraarhorn mit einem Mädchen, das durch Heirath zu erobern ist. Damals kam mir das Bild etwas kühn vor, jetzt begreife ich's aber. Kaspar, Schlaufuchs, erfahrener Mann! damals schon war der Teufel los, he?

— Mich wundert, Herr, wie Euch die ganze Geschichte so neu vorkommt. Habe ich Euch nicht in der Nacht, als wir zum Wetterhorn aufbrachen, gesagt, dass ich die ganze vorherige Nacht auf der Steinalp tanzte? Ich that es, obgleich ich wohl wusste, welche Pflichten mich bei Euch erwarteten. Glaubt Ihr,

man lege sich solche Strapazen auf wegen eines Hag-
steckens?

— Gut, gut. An Euch haben sich die Worte des
Dichters erprobt:

„Kühn ist das Mühen,
Herrlich der Lohn.“

Noch einmal, ich gratulire und bitte mich für das
nächste Mal bei Eurem Frauchen zu Gaste. — Nun
aber berichtet mir — was sagt der alte Jaun zu unseren Plänen?

— Der sagt nichts mehr.

— Wie so?

— Er ist todt.

— Wird nicht sein! Er ist doch nicht verun-
glückt?

— Nein, eines ordinären Todes gestorben, krank
im Bett. Gott habe ihn selig. Wegen des Alters hätte
er's aber noch ein paar Jährchen aushalten können.
Es ist nicht recht von unserem Herrgott, dass er die
braven Menschen so oft vor den schlechten sterben
lässt; wenn ich Meister wäre, würde ich zuerst mit den
Hallunken aufräumen.

— Nun geht unsere Finsteraarhornfahrt wohl zu
Wasser?

— Du tout, sagt der Franzos.

— Aber wie wollt Ihr's nun anstellen? Ihr waret
ja nie oben und Eure Brüder, der Menk und der Jakob,
die ich gerne wieder dabei hätte, auch nicht.

— Pah; denen, die zum ersten Mal oben waren,
hat auch Niemand den Weg gezeigt. Ich garantire,
dass wir hinauf kommen, wenn uns das Wetter keinen
Strich durch die Rechnung macht.

Ich wusste, dass, wenn Kaspar mit solcher Be-
stimmtheit etwas behauptete, darauf zu bauen war

wie auf Granit. Insofern beruhigte ich mich. Allein bald darauf stieg mir das neue Bedenken auf:

— Was sagt Euer junges Weibchen zu solchen Fahrten?

— Was sollte sie sagen? Als sie mich nahm, wusste sie, dass sie einen Mann heirathete, der Jagen und Bergsteigen liebt wie sein Leben; nun soll sie mich auch als solchen behalten. Mag sein, dass es ihr manchmal im Herzchen krabbelt, wenn ich mit der Büchse auf der Schulter auf einige Tage fortziehe. Das geht nun einmal bei dem Weibervolk nicht anders, und eint' oder anderes Mal ist's mir beim Abschied fast auch etwas curios zu Muthe. Früher spürte ich nichts von dem. Aber 's hilft nichts, gejagt muss sein, über alle Berge gesprungen und dem Teufel ein Ohr abgeschliffen; so bin ich und will ich bleiben bis in Ewigkeit. Amen.

— Und mich will bedünken, wenn bei solchen Gelegenheiten in der einen Herzkammer des Weibchens die Sorge prickelt, so ruft von der andern her die Eitelkeit: „Herein!“ und sagt dann zur Sorge: „Thu' nicht so dumm; es ist doch auch ein anderlei, einen Mann zu haben, der etwas kann, was nicht jeder Schneider kann, der mit Gesundheit und Kraft etwas vorstellt in der Welt, als so ein Ofenhüter, der jeden zweiten Tag in die Apotheke schleicht.“

— Exact das mein' ich auch.

— Unsere Frauen sollen leben!

— Und das Finsteraarhorn daneben!

Beide: Hoch! hoch! hoch!

Eine Nacht und ein Tag.

Sonntags, den 28. Juli 1861, hatte ein feiner Südost die Alpen von Wolken und Nebeln reingefegt und eröffnete damit jene Reihe prächtiger Monate, welche den Sommer und Herbst dieses Jahres in jeder Beziehung zu gesegneten, die Saison selbst aber für Gletscherfahrten zu einer Mustersaison machten. Früher erhaltener Weisung gemäss telegraphirte mir Kaspar am Morgen dieses Tages, ich möchte suchen, noch den nämlichen Abend in Meiringen einzutreffen, jetzt sei es Zeit, das verabredete Unternehmen auszuführen. Leider verzögerten die Umstände meinen Aufbruch bis zum Mittag des folgenden Tages, so dass ich erst am 29. Abends 7 Uhr in Brienz, wo mich Kaspar mit einem Wägelchen erwartete, ankam. Er war anfänglich nicht in bester Laune, der verlorene schöne Montag hätte nach seiner Meinung kein blauer sein sollen, er wollte nur noch für einen, höchstens zwei Tage sicheres Wetter gutstehen, für den Mittwoch Mittag oder Abend prophezeite er eine Krisis, die sich zwar vielleicht wieder würde zum Bessern, aber ebensowohl auch zum

Schlimmen wenden können. Diese Krisis fiel nun gerade in die Zeit, wo wir muthmasslich mit der Spitze des Finsteraarhorns zu thun hatten. Ich gestehe, dass mir die Eröffnung kein sehr willkommener Gruss war. Indessen bestiegen wir gleichwohl unser Gefährt, um nach Meiringen zu fahren und unterdess den wichtigen Casus reiflicher zu erwägen.

— Nun, Kaspar (hub ich, bequem in die Wagenecke gedrückt und nach dem etwas umwölkten Wildgerst hinauf schielend, wieder an), was ist denn nun eigentlich zu machen? Unverrichteter Dinge nach Bern zurückzukehren, dazu trage ich wenig Lust, und Geister und Gnomen, die uns über Nacht an den Fuss des Finsteraarhorns trügen, stehen mir leider nicht zu Befehl.

— Und wenn es die Geister nicht thun, so können im Nothfall unsere Beine etwas dergleichen leisten. Wenn wir, zum Exempel, diese Nacht durchmarschirten bis zur Grimsel, so würden wir den heutigen Tag nachholen; dann ist es wenigstens möglich, bis übermorgen Mittag auf die Spitze zu gelangen, und bis dahin (fuhr er mit einem bedeutungsvoll fragenden Blicke nach dem Himmel fort), bis dahin sollte es der Föhn noch prästiren mögen.

Mir war ein Stein vom Herzen gewälzt. Da nun aber einmal an die Stelle des fröhlichen Vertrauens die Zweifel getreten waren, so stieg mir das neue Bedenken auf: eine Nacht marschiren, dann einen Tag durch den Schnee waten, die folgende Nacht in den Gletschern bivouakiren, hierauf erst die Hauptarbeit verrichten und das gefürchtete Horn erklimmen, und dies Alles ohne jede Vorübung, frisch von der schweren Luft der Ebene und vom Pulte weg — — Abraham! Abraham! wirst du die Strapaze aushalten? Nimm dich in Acht und sage lieber nicht zu, als dass du dich am Ende blamirst. Ich erwiderte dem ruhig entschlossenen Gemsenjäger:

— Das ist etwas für Euch, Kaspar, und Eures Gleichen; was mich betrifft, so habe ich ohnehin so viel Respect vor unserem Kriegsobjecte, dass ich glaubte, ein währhafter Schlaf im Bett auf der Grimsel sei vor dem Beginne der Operation durchaus kein Luxus, und ich möchte nicht etwa zu jenen Humbugern zählen, die am Fusse eines schönen Berges elendiglich hocken bleiben, indess ihre Führer auf der Spitze die Fahne aufpflanzen und hintendrein die fromme Lüge ausstreuen, der Herr habe die Heldenthat verrichtet. Die Hand auf's Herz, Kaspar, traut Ihr mir zu, dass ich eine solche Strapaze aushalte?

— Wenn Ihr noch so gesund seid wie voriges Jahr, ja.

— Halt! Kutscher, halt!

Der Kutscher, ein Jagdgefährte Kaspar's, zog rasch die Zügel an und schien nicht wenig erstaunt über den barschen Ton des Befehls.

— Kutscher, jetzt macht Ihr, dass wir so schnell wie möglich nach Meiringen kommen. Dort gebt Ihr Eurem Rösslein die doppelte Ration Haber, dann führt Ihr mich im Schritt nach Jnnertkirchen, bis dorthin soll Euer Karren mein Nachtquartier sein. Im Hof, Kaspar, stelle ich mich unter Euern Befehl. Wir marschiren die Nacht. Hü, Bruuli!

Der Kutscher stimmte ein in den Ruf, liess die Peitsche knallen und stiess dann einen lauten Jauchzer aus. Kaspar hing einen embryonischen Jodler d'ran, der sofort vom Jagdcameraden aufgenommen und in verbesserter Auflage weiter gesponnen wurde. Es klang recht lustig, begleitet von Hufgestampf und Peitschenknall und Wagengerassel, und ich glaube, das gerade vor uns in der Ferne zum abendlich angehauchten Himmel ragende Sustenhorn lachte gemüthlich dazu in seiner weissen Nachtkappe.

Die Nacht war längst hereingebrochen, als meine ehemaligen Wetterhornführer, Kaspar, Melchior (Menk) und Jakob Blatter, mit allem Nöthigen versehen, zum Aufbruche bereit standen. Auch das Rösslein war wieder eingespannt und liess den frisch bekommenen Hafer spüren, als es munter zum Dorfe Meiringen hinaustrabte. Nicht weit ausser demselben beginnt die Strasse ihre ruhige Steigung zum Kirchet hinauf und ich benutzte den nun beginnenden langen Schritt zum Schlummern. Die Bettlage in dem kurzen Wägelchen war nicht die bequemste, desto prächtiger aber der Sternenhimmel, der über dem Haslithal glänzte. Wie ein gesunder Mensch, wenn er nur ernstlich will, zu jeder Stunde erwachen kann, so ist es ihm gegeben, jederzeit sich durch ein nöthiges Schläfchen zu stärken. So gelang es auch mir, jedoch nicht ohne dass die Sterne sich im buntesten Tanz in meine Träume flochten und das von grossen Erwartungen volle Herz durch vernehmliches Pochen seine Erregung verrieth.

Um 11 Uhr Nachts trafen wir im Hof zu Innertkirchen ein; Alles lag schon in den Federn, und es bedurfte um so mehr Arbeit, in dem Gasthofe Einlass zu finden, als der Wirth uns anfänglich die Ehre anthat, unser Rufen und Klopfen für Nachtbubenlärm zu halten. Nachher freilich machte er die Sache durch verdoppelte Gefälligkeit wieder gut. Nach einigen kräftigenden Flaschen brachen wir Schlag Mitternacht, mit dem Beginne des 30. Juli, wieder auf und begannen die Bergfahrt. So klar auch jetzt noch die Sterne funkelten, so beleuchteten sie doch nur spärlich den Saumweg, der zwischen Felsen und Aare gen Guttannen ansteigt. Nur wo von Stufe zu Stufe das Thal in flacheren Matten sich ausweitet, vernahm man dann und wann ein Wort aus der schweigsamen Kolonne. Die Gespräche waren kurz angebunden, denn man wollte frisch marschiren, ausserdem trug wohl ein Jeder als einzige, Alles beherrschende Phantasie die Gewaltigkeit des zu erringenden Zieles in Kopf und Herzen; und dann ist es ja ein eigenes Vorrecht der Nacht, die Seele des Menschen zu stiller feierlicher Betrachtung in sich selbst hinein zu bannen.

Als die breite Thalsohle von Guttannen erreicht war, goss der endlich aufgegangene Mond ein helleres Licht über die Landschaft und zeichnete magische Figuren an die Felsen. Lautlos und ohne Aufenthalt ging's auch durch dieses Dörfchen hindurch; wir schlichen beinah' an den Häusern vorbei, um ihre Bewohner nicht aus der Ruhe zu stören, nur die Eisenspitzen der Bergstöcke prallten mit grellem Schall vom rauhen Strassenpflaster zurück. Nun führte der Weg jene wilden, öden, seelenlosen Scenerieen hinan, durch die man zur Handeck gelangt. Bei Tage haben sie mir nie gefallen, in dieser nächtlichen Beleuchtung aber nahmen sie bedeutend mehr Charakter an, ob er auch stets ein unfreundlicher blieb. Diese Gegend ist Tag und Nacht befähigt, eine Fülle unwirscher Blocksberggeschichten zu beherbergen.

Ein klarer aber kalter Morgen brach an, als wir die Handeck betraten. Auch hier stacken noch Mensch und Vieh in Laub, Heu und Stroh, als wir an die Läden des Gasthauses klopften, um einen warmen Morgentrunk zu bekommen. Langsam und verschlafen schleppte sich auf unsere Aufforderung ein ungewaschenes Weibsbild in die Küche; langsam und verschlafen öffnete ein ungekämmter Kühbube die knarrende

Stallthür, um seine Schutzbefohlenen in's Grüne zu lassen, und das Vieh selbst schüttelte phlegmatisch und appetitlos die Köpfe. Es hatte noch Niemand rechte Lust an dem jungen Tag, nur die Aare hinter den Tannen rauschte in ungelähmtem Schwunge nach ihrem tiefen Felsenkessel hinab und sandte lustige Schaumwolken über die Wipfel zurück.

Es dauerte mehr als eine Stunde, bis unser Frühstück bereitet und verzehrt war. Mittlerweile brach der helle Tag herein, und bald fehlte auch die Sonne nicht, als wir uns wieder auf den Weg gemacht hatten. Die erste Touristenseele, die uns oberhalb des Räthrichsbodens von der Grimsel her entgegentrat, war ein alter Commilitone, den sie einst wegen seiner nicht übermässigen Hochgeschossenheit Pipin den Kleinen nannten.

— Guten Morgen, Pipin!
— Ei, schönen guten Tag, Herr Doctor.
— Woher?
— Von der Strahleck. Wohin?
— Zum Finsteraarhorn.
— Der Tausend! Gute Verrichtung!
— Adieu, Pipin.

Ich glaube, unsere Unterhaltung dauerte wenig länger; ich war voll des Kommenden, er voll des Erlebten, und wo das Herz des Menschen von grossen Dingen eingenommen ist, da muss es zuerst mit sich selbst fertig werden, ehe es in die Aussenwelt tritt. In solchen Momenten innerer Gährung ist die wogende Brust ein Heiligthum, und jedes überflüssige profane Wort eine Sünde. Adieu, Pipin!

Um 7 Uhr waren wir in der Grimsel, eben als ein Theil der Uebernachteten die Pferde bestieg, um in dieser oder jener Richtung weiter zu reisen. Auf den

Nachtmarsch waren uns zwei Stündchen Rast wohl gestattet. Diese Zeit wurde aber auch redlich dazu benutzt, die letzten Utensilien zur Gletscherreise herbeizuschaffen. Dazu gehörten vor allen Dingen die Speisen, der rothe Wein, den man, bei 8 Maass, in eine grosse blecherne Kapsel schüttete, und die Wolldecken, welche uns für die nächtlichen Beiwachten dienen sollten. Dem Grimselverwalter, Herrn Frutiger, bin ich das Zeugniss schuldig, dass er und seine Leute uns sehr freundlich beistanden.

Es war ein ausgezeichnet schöner Tag aufgegangen, als wir um 9 Uhr die Grimsel verliessen und direct den Gletschern zusteuerten. Alle Welt kennt nachgerade den Unteraargletscher, der durch Agassiz und seine Schüler schon vor bald zwanzig Jahren die Aufmerksamkeit der Gebildeten in höherem Grade auf sich zog und wo in unseren Tagen noch der Naturforscher Dollfus mit seltener Beharrlichkeit die damals begonnenen Arbeiten fortsetzt. Auf diesem Wege führt die Bahn zum seither erst den Touristen erschlossenen Gletscherpasse der Strahleck, einer jener Regionen, die man einst als eine unnahbare Heimath aller bösen Geister fürchtete und wo nun allsömmerlich mehr als ein zarter Damenfuss sicher über die eisigen Klüfte schreitet. So wird Schritt für Schritt der menschliche Geist mit seinem Wissen Herr über die rohe Natur, jeder errungene Sieg stählt den Muth, und der wachsende Muth findet immer neue Schlüssel zu verschlossenen Pforten. Unser Weg ist heute aber ein anderer. Wo der Unteraargletscher die gewaltige hässliche Moräne vor sich her stösst, benutzen wir nur seinen Saum, um ihn quer zu überschreiten und vom linken an das rechte Ufer trockneren Fusses zu gelangen, als wenn wir den Uebergang in dem sandigen und steinigen Delta suchen würden, das von den mancherlei Armen der jungen Aar gebildet wird und so ziemlich die ganze Thalsohle ausfüllt, um ihr ein recht trostloses Aussehen zu verleihen. Im Vorbeigange nur, als die Höhe der Moräne erreicht war, schweifte der Blick über die Fläche des Unteraargletschers hin, aus dessen Hintergrund der Abschwung auftaucht.

Als der Gletscher übersetzt war, begann ein anhaltendes starkes Steigen am Ausläufer des Zinkenstocks, zur Seite der in munteren Sätzen herabstürzenden Oberaar, die vom Oberaargletscher kommt und ihre Wasser der unteren Aar zuführt. Hier zum erstenmale begannen die Lungen angestrengt zu werden, und die aus heiterstem Himmel strahlende Vormittagssonne machte sich nach' und nach empfindlich bemerkbar. Nach erreichter Höhe ward uns die Befriedigung, in eine angenehme Alp einzubiegen, die sich am Südabhange des Zinkenstocks ausbreitet und ziemlich stark von Vieh aller Art befahren war, von Schafen, Ziegen, Hornvieh und Pferden. Eines dieser Letzteren hatte ein arges Unglück betroffen: ohne Zweifel war es auf dem rauhen und stellenweise steil abfallenden Alpboden nicht sicher gegangen, es muss einen Fehltritt gemacht haben, gestürzt und mit gebrochenem Bein den Abhang hinuntergerollt sein, wo es auf einer Schneebrücke verblutete. Schon sah man von Weitem auch sein blankes braunes Fell vom Bisse der gierigen Bergdohlen angebohrt.

Wir erreichten den Saum des Oberaargletschers um 12 Uhr und sahen uns veranlasst, eines behaglichen Mittagschläfchens in der Sonne zu pflegen. Die durchwanderte Nacht lag eben doch in allen Gliedern und rächte sich an einem im Ganzen langsamen Marsche. Zu verlieren war dabei nichts, denn für's Erste hatten

wir mit der Zeit nicht gerade zu geizen, und zweitens
ist es für einen Menschen von Gesundheit und Gefühl
ein Hochgenuss, angehaucht von Gletscherluft und an-
gebraten von der Gebirgssonne in trockenem Grase
hinzudämmern, umduftet von frischen Bergblumen und
überwölbt vom blauen Himmel, dessen Saum auf blendenden Firnen ruht.

In der That stacken wir schon tief in der Hoch-
alpenwelt drin. Der Fuss des Oberaargletschers liegt
seine 2260 Meter (6956 Pariser Fuss) über Meer, und
auf drei von unten leicht übersehbaren Terrassen steigt
er in einer Länge von 3—4 Marschstunden bis auf die
Höhe von 3238 Metern (9966 Fuss) hinan. Hier oben
treten die beiden Bergreihen, welche den Gletscher
einrahmen, in sich begegnenden Bogen nahe zusammen und lassen auf eben genannter Höhe nur eine
schmale Pforte offen: das Oberaarjoch. Links von dem
am Fusse des Gletschers stehenden Beschauer, oder
am rechten Ufer, treten als bemerkenswertheste Berge
aus der Kette, die weiter östlich auch das kleine (den
Touristen bekannte) Sidelhorn entsendet, in fast ununterbrochen zunehmender Höhe hervor: das grosse
Sidelhorn (2880 Meter), der Ulricher Stock (nahezu
2900 Meter), der Geschener Stock (nahezu 2800 Meter),
das Löffelhorn (über 3000 Meter), das Rothhorn (über
3400 Meter). Am linken, nördlichen Ufer herrschen
und streben ebenfalls zu immer grösserer Höhe empor:
der Zinkenstock (über 3000 Meter), der Grünberg (über
3000 Meter), der Thierberg (über 3100 Meter), das
Scheuchzerhorn (nahezu 3500 Meter), das Grünhorn
(über 3500 Meter), das Oberaarhorn (3634 Meter oder
11,185 Pariser Fuss). Oberaarhorn und Rothhorn sind
es also, in welchen die beiden Ketten ihre Höhepunkte
erreichen, und diese zwei Berge stellen sich als ge-

waltige Pfosten des Thores dar, das den Weg nach der noch viel mächtigeren Gletscherwelt von Wallis öffnet; doch überragt alle Gipfel nicht nur durch seine grössere Höhe, sondern auch durch schöne pyramidale Gestalt das Oberaarhorn, und der weite, breite Gletscherteppich, der von seinem granitenen Fuss ausströmt, hebt es wo möglich noch majestätischer in den blauen Himmel empor.

Um 2 Uhr herum betraten wir den Gletscher und durchschritten ihn nun in seiner Mitte der Länge nach bis zum Oberaarjoch. Er war sehr zahm, ob auch mit einer dünnen Schneeschicht bekleidet; wenn wir dennoch am Seil marschirten, so geschah es nur, weil am Fusse der verschiedenen Terrassen jedenfalls breitere Spalten gähnen mussten und die schneeschmelzende Glut der Nachmittagssonne an solchen Orten zur Vorsicht mahnte. Gleichwohl trafen wir keine einzige Stelle, bei welcher von wirklicher Gefahr zu reden gewesen wäre; man konnte sich ganz ungestört dem Genusse der schönen Hochwelt überlassen.

Wenn beim ersten Betreten des Gletschers schon die ganze firnbekleidete südliche Kette sich vor dem Aug' entfaltete, so traten dagegen die Kulme der nördlichen Linie nur einer nach dem andern hervor, weil wir von Norden her die Mitte des Gletschers bestiegen und gegen diese Seite hin erst allmälig den Ueberblick gewannen. Ich stehe nicht an, gerade dieser nördlichen Kette den Vorzug zu geben, nicht sowohl weil ihre Berge höher streben, als weil sie entschieden charakteristischere und mannigfaltigere Formen aufweisen im Vergleich zu einer etwelchen Monotonie der parallel laufenden Rivalen. Mir schien im weiteren Marschiren der allgemeine Charakter der Region etwas ungemein Einsames zu haben, das auf die Dauer sogar ermüden kann; und wenn das Interesse dennoch wach blieb, so schreibe ich es noch einmal dem grösseren Wechsel der nördlichen Berggestalten zu. Da war namentlich das Scheuchzerhorn, das im Verein mit dem Thierberg wunderschöne Firnfelder entfaltet; und auf ihrem blendend weissen Plan, hoch über uns, sahen wir langsam zwei dunkle kleine Punkte sich bewegen. Das Fernglas bestätigte die Angabe Kaspar's, dass eine Gemse mit ihrem Jungen gemüthlich in der warmen Sonne spaziere. Die Alte ging voraus und hielt von Zeit zu Zeit im Marsch inne, bis das weniger geübte Kleine nachgetrippelt kam. Dann blieben sie eine Weile zusammen stehen, um nach kurzer Rast und klugem Hin- und Herblicken ihres Weges weiter zu ziehen. Weiss nicht, ob die Mutter bei diesen Halten nur Sorge zur Lunge des Kleinen trug, oder ob dieses schon so weit in seiner geistigen Entwickelung vorge-schritten war, dass ihm auf peripatetischem Weg weise Lehren über das Verhalten gegen die Schlechtigkeiten der Menschen ertheilt werden konnten. Zur Ergrün-dung dieses Räthsels war mein Fernglas zu schwach. Wer aber der lieblichen Familienscene am allereifrig-sten durch seinen ferntragenden „Jagdspiegel" zuschaute, wer diesen dann gerührt dem Nachbar überreichte und in fast sentimentalem Lobe der graziösen und ge-scheidten Thierchen überfloss, das war der berufs-mässige Gemsenmörder Kaspar. Ich habe seither ver-sucht, den Widerspruch zu lösen, der darin zu liegen scheint, dass der Jäger das Thier seiner Wahl fast wie ein Kind lieben und es doch auf den Tod verfolgen kann; und ich legte mir die Sache so zurecht: ein schönes und intelligentes Geschöpf, wie die Gemse ist, nimmt den Menschen für sich ein, allein es reizt ihn durch scheue Unnahbarkeit zur Verfolgung; in der

Gefahr entfaltet die Gemse erst recht ihre Tugenden,
vor Allem dadurch, dass sie den Menschen zwingt,
seinerseits alle Kräfte des Körpers und des Geistes
anzuspannen. So wächst in der Jagd die Achtung vor
dem Wild, zugleich aber auch die Wuth über die man-
gelnde eigene Kraft, der beleidigte Menschenstolz, und
ist der Stolz durch einen glücklichen Schuss befriedigt,
dann kehrt das Herz des Jägers zu seiner ursprünglichen Milde zurück und umfasst das ganze Gemsen-
geschlecht mit aufrichtiger Liebe, um es bei guter
Gelegenheit — auf's Neue zu verfolgen.

Nachdem wir die hübschen Thierchen eine Weile
ruhig ihres Weges ziehen gelassen, suchten wir sie
durch Schreien, Pfeifen und Toben in Galopp zu setzen,
um zu sehen, wie sie sich auch in diesem Falle benehmen würden; allein die Entfernung war zu gross,
unsere Töne erstarben in der weiten Gletscherwildniss;
und Gehör und Gesicht der Gemse reichen bekanntlich
lange nicht so weit wie ihr Geruch. Nur einmal schien
die Alte ihren Kopf lauschend in die Höhe zu strecken,
als ob ihr etwas nicht kauscher geschienen hätte; da
aber der Talisman, die feine Nase, keine Gefahr verkündete, so achtete sie weiter nicht des Krakehls der
niedrigen Menschen, stolzirte gelassen auf der sonnigen
Halde fort, und das unschuldige Junge bemühte sich
eifrig hinterher.

Wir liessen unterdessen die Blicke ebenfalls weiter
über die weissen Flächen gleiten, am liebsten das herr-
schende Oberaarhorn hinan, und nicht ohne einen An-
flug freudigen Schauers sahen wir rechts von seiner
Spitze über die Kette herüber den schwarzen Gipfel
des Finsteraarhorns gucken. Das zog uns urplötzlich
ab von der sentimentalen Ergründung der Gemsenseele
und lenkte die unserige auf ihr eigenes Ziel.

Es versteht sich, dass mit dem allmäligen Höher-
steigen der Blick in die Aussenwelt sich öffnete, und
zwar zunächst in der nämlichen nordöstlichen Richtung, in welcher der Gletscher zu Thal steigt. Da
enthüllte zu allervorderst der Galenstock seine breiten
Firnmassen. Hernach folgte der Winterberg, der bekanntlich nach neuesten Messungen den eben genannten
noch überragt und der eigentliche Herr der vergletscherten Grenzscheide zwischen Bern und Uri ist. Es
waren dies aber Alles nur Vorläufer zu den imposanten
Aussichten, die sich vom Oberaarjoche selbst dar-
bieten.

Wir erreichten das Joch wenige Minuten nach
6 Uhr. In der Richtung, von welcher wir gekommen
waren, schweifte das Auge zunächst über das stunden-
lange weisse Feld des Oberaargletschers zurück, der
durch ovale Einfassung und weiche Concavwölbungen
einer ungeheuren Wanne nicht unähnlich sah. Dann
flog der Blick weiter nach dem Triftgletscher hinüber,
der seine breiten Eisfelder sehr merklich über die vor-
stehenden Hörner hinausträgt, um am jenseitigen
Ufer noch kräftigere Bursche hervorzustossen, nämlich
den oben genannten Winterberg und die Thierberge.
Nördliche und südliche Wacht dieses zackigen Firn-
kammes sind das Sustenhorn und der Galenstock. Doch
das Auge weilt nur kurz auf diesem Mittelgrunde, so
schön er auch ist, und sucht jenseits der Kette des
Winterberges die nordöstlichen Urner und die Glarner,
die im Tödi ihren Meister anerkennen. Und noch ist
dies nicht die Hälfte der östlichen Fernsicht des Ober-
aarjoches. Man erinnere sich, dass es eine Höhe von
3200 Metern erreicht, es überragt also um mehrere
hundert Meter, mit Ausnahme des unmittelbar nebenan
im Süden ansteigenden Rothhorns, alle Kulme der

Bergkette, welche das rechte Ufer des Oberaargletschers bilden, und die Folge davon ist, dass nun auf
einmal auch die Berge hervortreten, die bis dahin
hinter der Kette verborgen waren: der Gotthardsstock
und die Legion der Gipfel des Bündner Oberlandes. Es
ist ein Meer von Bergen, deren Namen ich gar nicht
suchen mag, eine wahre Pracht.

Die grösste Pracht? — Noch nicht. Ich habe bis
jetzt noch keinen Gletscherpass überschritten, der auf
seiner Höhe in so frappanter und erhebender Weise
Fern- und Nahsicht vereinigte, wie der Sattel, von dem
ich eben rede. Wenn der Mensch im Anschauen jener
Legion von felsigen und firnigen Kulmen des Ostens
und Nordostens beinahe sich zu verlieren scheint,
so wird er im Umwenden nach Westen plötzlich durch
die unmittelbare Nähe der ihm entgegentretenden Riesen auf sich selbst zurückgebannt, und sein überraschtes
Staunen verkündet, dass die wenigen, aber durchweg
aus dem Kolossalen geschnittenen Gestalten ihm völlig
beherrschen und dem herrlichen Punkt erst die Weihe
geben.

Hier, gerade im Westen, liegt in der Tiefe ein neuer
Gletscher, er läuft quer von Norden nach Süden; die
Firne des Grates, der sich vom Oberaarhorn nach dem
Finsteraarhorn hinüberzieht und Mitte Weges noch
einmal auf der Höhe von 3600 Metern im Studerhorn
ausgipfelt, sind seine Wurzeln, und zwischen dem mehr-
genannten Rothhorn und dem nun neu hervortretenden,
gerade westlich von diesem gelegenen Walliser Rothhorn wälzt er sein Eis nach dem Galmi hinab, um
schliesslich im Viescher Gletscher zu enden. Parallel mit dem Oberaarjoche und ihm gerade westlich gegenüber, erhebt sich ein neuer Sattel, und zwar
etwas höher als unser Joch: der Rothhornsattel oder,

wie meine Führer ihn nannten, der rothe Ecken. Da
links im Süden die Ausläufer des Berner Rothhorns
und des Walliser Rothhorns ziemlich nahe sich begeg-
nen, ja, vom Joche aus gesehen, fast ganz zusammen
zu gehören scheinen, so bildet dieser meines Wissens
noch namenlose Gletscher einen eigentlichen Eiskessel, der in dem Augenblicke, wo wir seiner ansichtig wurden, eine um so unwirthlichere Figur machte,
als die Sonne schon hinter den westlichen Bergen verschwunden war und der Kessel in blassem Schatten
lag. Das Merkwürdigste aber sind die Wände dieses
Kessels. Da wälzt sich rechts die schwer von Firn
beladene Granitmasse, nachdem sie vom Oberaarhorn
herabgestiegen, bleich und weiss zum Studerhorn empor, um auf der andern Seite noch einmal zu sinken;
dann aber sucht sie zum letzten Mal, mit angestrengter
Gewalt, in die Höhe zu gelangen. Nach kurzem Kampfe
schüttelt der Granit Eis, Firn und Schnee ab, und
steigt fast senkrecht, schwarz, wild, zerrissen und form-
los in die Luft bis zur Höhe von 4275 Metern (13,160
Fuss): — das Finsteraarhorn. Von hier gesehen,
ist es ein fast gräulicher Berg und trägt er seinen unheimlichen Namen mit Recht. Von dieser Seite ist es
keine Möglichkeit, seine Spitze zu gewinnen, da häuft
sich senkrecht Klippe auf Klippe, da kommt selbst
die Gemse nicht weit, und Alleinherr ist der Adler, der
Lämmergeier. In südlicher Richtung entsendet das
Finsteraarhorn eine dunkle Granitkette, die sich beim
rothen Ecken tief genug senkt, um dem Eise des namenlosen Gletschers zu gestatten, dass es beinahe dem
jenseits vom Viescher Gletscher heraufstrebenden
Schnee die Hand reicht. Allein kaum hat sich der
Felsenkamm so weit erniedrigt, so scheint er sich dessen zu schämen und treibt seine Massen noch einmal

grad in die Höhe. Hier steht das 3549 Meter (10,924 Fuss) messende Walliser Rothhorn. Aber wie anders sieht dieser Berg aus, als sein stolzes Gegenüber, das Finsteraarhorn! Er bildet an seiner nördlichen Abdachung, eben gegen das Finsteraarhorn gewendet, eine ausserordentlich steile Scheibe, nicht unähnlich dem Eiger in Grindelwald, nur dass, wie dieser ein nakter Felsen, das Rothhorn vom reinsten Schnee bekleidet ist, dann auf einmal erfolgt nahe der Spitze ein gewaltiger Riss horizontal durch die Schneewand, und hinter dem Bergschrunde, der durch diesen Riss erzeugt wird, taucht das letzte Fragment des Berges als ein felsiger Obelisk empor. Dieser Berg ist ungewöhnlich schön und eigenthümlich, doppelt schön im Contraste zum rauhen Herrn dieser Bergwelt, dem Finsteraarhorn.

Wenn nun aber auch Finsteraarhorn und Walliser Rothhorn mit ihrem vorliegenden Eiskessel vollkommen geeignet wären, den staunenden Beschauer zu übersättigen, so nehmen sie doch nicht alle Aufmerksamkeit in Beschlag. Die Natur ist hier so freigebig, so überschwänglich im Colossalen, dass sie noch weiter im Westen, links hinter dem Rothhorn hervor, das Wannehorn aufsteigen lässt, einen der Gipfel der Walliser Viescher Hörner, deren nähere Bekanntschaft wir später machen werden. Das Wannehorn, ein Bursche von 3717 Metern (11,441 Fuss), machte so gewaltige Miene, dass ich im ersten Augenblick in ihm das Aletschhorn, den Zweiten der Berner Alpen, zu finden glaubte. Es war freilich ein Irrthum, allein 3717 Meter bleiben aller Ehren werth, und das muss man dem Wannehorn lassen, es versteht von dieser Höhe aus sich ganz prächtig auszuspreizen.

Was soll ich noch davon sagen, dass zuletzt im

südwestlichen Strich, links am Walliser Rothhorn vorbei, über die untere Region des namenlosen Gletschers hinaus, noch einmal eine Fernsicht sich aufthat und der Blick an die wohlbekannten pompösen Gestalten des Weisshorns, des Matterhorns und der Mischabel fiel?

Der Eindruck, den die eben skizzirte Welt auf uns machte, war ein so überwältigender, dass er uns eine volle Stunde an das Oberaarjoch fesselte. Was aber alle den Glanz und die Herrlichkeit auf den Gipfelpunkt hob, das waren die wechselnden Beleuchtungen. Was nur immer ein wolkenloser Juliabend an Glut und Farbe zu erzeugen vermag, an jenem Silber, das aus dem schmelzenden Firnschnee blitzt, an goldigen Abendsäumen, bis hinauf zum rothen, flammenden Alpenglühen: wir haben es in dieser Stunde genossen, Eins um das Andere, und eine gute Weile sogar Alles auf einmal. Als die kleineren Berggipfel des Ostens von der letzten Glut angehaucht waren, um von einem Augenblick auf den andern zu erlöschen und die kalte Blässe der Dämmerung anzuziehen, lächelte drüben im südlichen Wallis das schimmernde Weisshorn noch so hell und silbern in's Land hinaus, als glaubte es sich einen ewigen Tag beschieden; unsere Berner in nächster Nähe aber glühten zu gleicher Zeit in voller Pracht.

Die vorhin beschriebene Firnscheibe des Walliser Rothhorns stand eben in warmen Flammen, als wir uns wieder auf den Weg machten, gerade diesem Horn zu, um an seinem Fusse, wo der Rothhornsattel es mit der Finsteraarhornkette vermählt, ein Nachtquartier zu suchen. Wir stiegen schnurgerade westlich nach dem namenlosen Gletscher hinab und trafen auf demselben ansehnlich mehr Schnee, als auf dem Oberaargletscher.

Dieser Kessel scheint aber auch recht dazu angethan, ein Schneesammler erster Sorte zu sein; was die der Sonne zugekehrte Abdachung in schönen Wochen zu schmelzen vermag, häufen sicherlich in stürmischen Tagen Ost, Föhn und West auf's Reichlichste wieder auf. Nach der Wärme und Farbenpracht, die uns auf dem Joch entgegengestrahlt, war der Gegensatz um so schärfer, den wir im Gletscher erfuhren. Die Abendkühle machte sich empfindlich geltend, und die Eisdünste, die aus den Verliessen des Gletschers durch den Schneeteppich heraufstiegen, gewannen nach und nach die Alleinherrschaft. Als wir etwas nach 8 Uhr die Mitte des Gletschers erreicht hatten, wo man zum Rothhornsattel hinauf zu steigen beginnt, bewegten wir uns bereits in so energischem Schatten, dass er der Nacht sehr nahe verwandt erschien. Die Scheibe des Rothhorns war längst verblasst, allein stets noch bannte sie einen Tagesschimmer an ihre weisse Fluh, und gleichzeitig begann da und dort ein Sternlein am gedämpften Abendhimmel hervorzublitzen.

Um 9 Uhr endlich erreichten wir den rothen Ecken, den Rothhornsattel. Es scheint mir ein Name so berechtigt zu sein wie der andere. Ein Sattel ist es in bester Form, nur mit etwas hartem Gneissschiefer gepolstert. Wenn meine Phantasie sich mich ein wenig als Riesen denken will und die nebenan ragenden Berge ein bischen verzwergt, so sitze ich im prächtigsten türkischen Sattel mit hoher Rückenlehne, meine Waden aber berühren links und rechts vergletscherte Weichen. Denn wie von Osten der eben überschrittene namenlose Gletscher zum Sattel heraufstrebt, so steigt an der westlichen Abdachung eben so bald und nur noch steiler das Eis zum mächtigen Viescher Gletscher hinab, der im Halbdunkel der sternhellen Nacht fast grausig dalag. Aber wie gesagt, auch die bescheidenere und realistischere Nomenclatur der Führer hat ihren triftigen Sinn; denn wenige Schritte von der Stelle auf dem Sattel, die wir zum Nachtlager wählten, gestaltet sich der letzte Ausläufer der südlichen Finsteraarhornkette zu einer sehr scharfen Kante oder Ecke von röthlichem Granit.

Nachdem ich von Bern weg 31 Stunden auf ununterbrochener Reise, und die ganze Gesellschaft von Innertkirchen weg 21 Stunden auf dem Marsche gewesen, war es den Guten wohl zu gönnen, dass sie wussten, wo für die nächste Nacht ihr Haupt hinlegen. Vor Allem aber verlangte der Hunger sein Recht, und man packte mit Behagen die kalte Küche aus. Dazu floss der wärmende Rothwein sammt einem höchst willkommenen Gletscherwasser, das sich in der Nähe fand. Dann wurde die Fussbekleidung gewechselt, und auch dies that Noth, denn die Strümpfe hatten im langen Schneewaten halbe Bäche eingesogen. Während ich dieser trocknenden Verrichtung oblag, mauerten die Führer emsig an unserem Obdach. Der Sattel ist sehr schmal und kurz, links und rechts betritt man sofort steil abfallende Schnee- und Eisfelder, vorne den zum Rothhorn aufsteigenden Schnee, und hinten steht nach wenigen Schritten schon der sperrende rothe Ecken. Auch bietet diese Lagerstätte den Uebelstand, dass sie wegen ihrer aus zwei Gletschern aufsteigenden Kante dem kalten, eisigen Luftzuge Thür und Thor öffnet. Dagegen besass sie für unseren Zweck auch eine köstliche Eigenschaft. Der schmale trockene Felsenstreifen weist nämlich auf seiner Oberfläche lauter lockere Schieferplatten, mittelst welcher in kurzer Zeit kleine Mauern aufgeführt werden können. Dies hatten sich Vorgänger vor uns schon zu nutze gemacht; es

stand eine hübsche Schiefermauer da, die uns ganz
willkommen kam; allein da sie gegen einen anderen
Wind gerichtet war, als gegen den, welcher uns in der
Nacht zu belästigen drohte, so fügten meine Führer
eilig eine zweckentsprechende Flügelwand auf, und unser
Obdach war fertig. Das gesammte Nachtquartier gestaltete sich so: das Schlafgemach — nach zwei Seiten
gemauert, nach den andern beiden Seiten offen; die
Matratze — mehrbesagter Schiefer; das Kopfkissen —
die Reisetasche oder der Tornister; die Bettdecke —
der Paletot und eine leichte kurze Wolldecke; Bett-
ridaux — Felsen und Firnhänge; Bett- und Zimmer-
decke zugleich — der funkelnde Sternenhimmel. Ich
würde lügen, wollte ich behaupten, in meinem Leben
nicht schon besser gebettet gewesen zu sein; aber
kecklich darf ich auch sagen, dass ich gegen diese
Lagerung nicht das Mindeste einzuwenden fand, ja,
dass sie mir bis zu einem gewissen Grade comfortabel
erschien. Denn, weiss Gott! einen so glänzenden Pla-
fond, wie ihn das sternbesäete Alpenfirmament darbot,
kann kein König und kein Kaiser in seine Schlösser
hineinbefehlen. Und wenn es wahr ist, dass der Hunger der beste Koch, dann verschafft die Strapaze das
wohligste Bett.

Bevor ich mich, nach ½10 Uhr, zur Ruhe legte
— die Führer schnarchten schon, die Beine an die
Brust herauf und die Wolldecke über Kopf und Oberleib gezogen —, steckte ich noch eine Cigarre an, und
mit ihrem Qualm flogen die Genüsse des Tages sammt
zahllosen Phantasieen und brennenden Erwartungen des
künftigen Marsches in die kalte Gletschernacht hinaus.
Mir auffallend genug, haftete auch jetzt noch ein ge-
wisser Tagesschimmer an der weissen Firnfluh des
Rothhorns, gleichsam um der Nacht, in welche längst

alle niedere Welt versenkt war, Trotz zu bieten. Gegenüber im Westen, uns recht nahe, stiegen aus dem nur
matt durch das Dunkel schimmernden Eismeer des
Viescher Gletschers gewaltige Felsenklumpen auf, Firn
auf Gletscher, und Schnee auf Firne thürmend, und die
verworrenen Contouren der Nacht zeichneten die mächtige Gestalt des „Kammes" (11,900 Fuss) noch gewaltiger, als sie in Wirklichkeit schon ist. Nach und nach
aber forderte auch meine Natur den Tribut der Ruhe,
die Augen hatten für heute genug geschaut, ich wickelte
die Beine in die Wolldecke, legte den Kopf auf die
Reisetasche, zog den Hut über das Gesicht und schlief
ein als ein glücklicher Mensch.

*   *
*

Etwa drei Stunden hatte ich geschlafen, dann aber
litt es mich nicht mehr auf dem ungewohnten und
namentlich sehr kalten Lager. Es strich ein imperti-
nenter Luftzug von Gletscher zu Gletscher über diesen
10,000 Fuss hohen Sattel. Während meine Gefährten
nach wie vor unbeweglich, die Köpfe (praktischer als
ich, weil sie sich durch Wiedereinathmen des Athems
das Blut wärmer erhielten) in die Wolldecken gesteckt,
dalagen, konnte ich es nicht mehr auf meinem Platze
aushalten. Ich stand auf, um mich durch Laufen zu
erwärmen. Mittlerweile war der Mond aufgegangen,
warf ein geisterhaftes Licht auf die Firne und versprach den nächtlichen Spaziergang nur romantisch zu
machen. Aber ach! die Rennbahn war sehr kurz be-
gränzt, sie beschränkte sich eben auf die schmale felsige
Schneide des Sattels, an welchem sich zu beiden Seiten
die Schneefelder abdachten, und mit diesen wollte ich
während der Nacht keine Bekanntschaft machen. Dazu

noch bot der stehende Körper dem empfindlich scharfen Luftzuge so viele Breitseiten dar, dass ich sehr bald vorzog, mich wieder hinter die Schiefermauer zu verkriechen und dort in Geduld, sitzend, hockend, liegend, bewusst und unbewusst hindämmernd, den Tag zu erwarten.

Nachdem eine geraume Weile so verstrichen war, machte ich die tröstliche Bemerkung, dass es einem der Führer auch nicht mehr viel um das Schlafen zu Muthe schien. Mit einem in den Bart hinein gebrummten Fluch auf die Kälte holte er sein Jagdpfeifchen hervor und stopfte es voll. Als ich ihm von meiner Cigarre Feuer bot, machte ich ihm bemerklich, wir könnten einander wohl die lange Zeit vertreiben, wenn er mir eine hübsche Geschichte erzählte, ein Märchen, eine Sage oder sonst etwas Pikantes aus dem Gemsenjägerleben. Der Angeredete besann sich eine Weile, dann hub er mit einem Anfluge von Fröhlichkeit an:

— Ich weiss was Schönes, das vor Jahren, als ich noch jung war, ein Grossmütterchen im Dorf an einem Kiltabend erzählte; aber Ihr dürft mich nicht auslachen, wenn ich schlecht b'richte.

— Warum nicht gar! Heraus mit der Geschichte.

Und nun berichtete er mir, was ich im folgenden Kapitel in meiner Manier wiedererzählen will.

's schön Anneli.

Vor langen Jahren lebte im Oberland ein Gemsenjäger, Namens Kaspar. Er war weder so arm, wie ein Gemsenjäger von Beruf es gewöhnlich ist, noch so reich, um dem Geschäfte aus blosser Liebhaberei obliegen zu können. Er ging gerade so zwischen durch, wie man zu sagen pflegt. Die kleine Alp, auf welcher er Winters und Sommers hauste, die er frei und ledig besass, und die paar blanken braunen Kühlein d'rauf, die ihm tapfer Milch zum Trinken und Käsen lieferten, reichten just aus, den Kaspar und sein Töchterlein, 's schön Anneli, anständig zu ernähren, besonders da das Meidschi in der Wirthschaft wacker mithalf. Was der alte Jäger im Herbst und Winter an Gemsen, an feinen Bergvögeln und ausserdem an Kristallen verdiente, passte zum Aeufnen des Erworbenen. Es heisst aber, der Kaspar habe ein gut Theil davon extra bei Seite gelegt, um es dem Anneli aufzusparen für einen wichtigen Anlass, der ziemlich häufig eintritt, wenn die Mädchen einmal tausend Wochen hinter sich haben. Wär' just nicht nöthig gewesen, denn 's schön Anneli

konnte für sich ganz allein als ein gehöriges Kapital
an Leib und Seele gelten, schöner nützt nichts und
bräver auch nicht; der brauchte es nicht bange zu
sein, dass sie keinen Mann bekomme, höchstens den
Buben, dass sie vergebens am Fensterladen klopften.
Allein es scheint, die Fürnehmeren haben es überall
und hatten es schon vor alten Zeiten so, dass sie mein-
ten, Tugend und Schönheit ständen für sich allein auf
zu schwachen Füssen, die Sache sei erst richtig, wann
ein paar währschafte Geldrollen das junge Leben unter-
stützten, wie man es sonst mit alten Kirschbäumen
macht, die ihre faulen Arme nicht selber tragen können.
Unser Einem gefällt der junge Saft, der frei von Stan-
gen und Gabeln aus dem Boden schiesst, von Jahr zu
Jahr immer tiefere Wurzeln schlägt, aus den Lüften
die Nahrung zieht, die Wetter und Sonnenschein ihm
gerade zuführen, und der im Uebrigen den lieben Herrgott walten lässt.

Brav war es aber gleichwohl vom Kaspar, dass er
so an sein Kind dachte; denn ich sage noch einmal,
's schön Anneli war ein Goldmeidschi, und einem solchen kann man nie genug Gutes wünschen. Und was
dann unsern Alten betrifft, so durfte sich nicht leicht
Einer wie er auf die Gemsenjagd wagen. Für's Erste
nämlich besitzt nicht Jeder die nöthige Kraft und Aus-
dauer zu dem bösen Handwerk, und Manchem, der
die Kraft hätte, fehlt es an dem Sinn, das schlaue,
pfiffige Thier in den Schuss zu locken. Und noch
Eins: auch Kraft und Gescheidtheit reichen nicht immer
aus; in den Gletschern und auf den Hochfirnen hausen
oft tückische Geister und kriegen Einen d'ran, wenn
man's am wenigsten denkt. Gegen diese hilft nur ein
gutes Gewissen; wer nicht sauber über's Nierenstück
ist, bleibe von den Gegenden fern, sonst packt ihn

irgend ein Kobold und verschwindet mit ihm im tiefsten Bergschrund. Im Kaspar war Alles beisammen, der starke Mann, der kluge Mann und der brave Mann; und wo er ging und stand, wo er an Felsen kletterte und über Schneefelder glitt, da flog der Gedanke an 's schön Anneli als Schutzgeist mit.

Einmal ging es dem Kaspar doch fast übel. Zwei Tage und zwei Nächte war er auf den Gletschern herumgestrichen, ohne ein Thier in den Schuss zu bekommen. Als er am dritten Morgen erwachte, blies von den Walliser Alpen her, von den untern nämlich, die gegen den Montblanc hin liegen, ein Wind, welcher dem erfahrenen Jäger sagen musste, heut' sei es aus mit der Jagd, er solle sich einfach nach Hause trollen, denn am Nachmittag gebe es schlimmes Wetter. Wie es aber den Gemsenjägern geht, wenn sie lange auf der Fährte waren, ohne etwas zu erbeuten, so ging's auch dem Kaspar: er war wild, und er beschloss, dem Himmel zu trotzen. Am Oberaarhorn oder, wenn's da nicht zog, ganz sicher drüben an den Walcher Hörnern musste er was finden bis zum Mittag, und hatte er sein Gamschi, dann frug er, blos um nach Hause zu kommen, keinem Gott mehr und keinem Teufel etwas nach. Wie doch die sonst so klugen Jäger gelegentlich dumm sein können, wenn sie die Leidenschaft packt! Wusste Kaspar nicht, dass die Gemsen noch viel bessere Fühlung vom kommenden Wetter haben, als die Menschen? Wusste er nicht, dass die feinen Thierchen gleich den Menschen lieber im Sonnenschein spazieren, als im Nebel, und sich so gut zu verstecken wissen, dass man sie vom Erdboden verschwunden glaubt, wenn ein Sturm im Anzug ist? O ja, Kaspar wusste das recht gut, wenn er den Verstand beisammen hatte, allein die Leidenschaft reisst eben den Verstand auseinander. Kurz und gut, Kaspar fand nichts am Oberaarhorn, weder auf der Grimselseite, noch auf der Seite des Finsteraarhorns. Jetzt rutschte er ganz einfach nach dem Viescher Gletscher hinunter, um über denselben nach dem bessern Jagdrevier zu gelangen. Er lief, was die Lunge nur aushalten mochte, quer über die gefährlichsten Stellen hin, wo die Spalten bloss mit leichtem Schnee verdeckt waren. Schon hatten sich alle Bergspitzen in dichten Nebel gehüllt, die Luft war feuchtwarm, der Schnee erweicht. Kaspar sank mit den Füssen alle Augenblicke ein und spürte sie wiederholt im leeren Raum eines Schrundes, dann warf er sich aber jedesmal mit der Gewandtheit des ächten Jägers auf Brust nnd Bauch, und kroch, den Alpstock in gleicher Richtung vor, sachte über den verrätherischen Schnee, um immer wieder auf festen Eisgrund zu gelangen. Wohl zwanzig Mal passirte es ihm so. Die Leidenschaft aber hatte ihn unterdessen völlig in ihre Gewalt bekommen, er gewahrte kaum, dass die Nebel bereits von den Bergspitzen und Firnen auf den Gletscher herabstiegen und in wenigen Augenblicken das ganze Revier in ein ungeheures graues Luftmeer verwandelt haben mussten. Schon waren die ersten Flocken, die Vorposten eines währhaften Schneegestöbers, im Anzug, aber Kaspar achtete auch dieser nicht und wollte um jeden Preis den Gletscher übersetzen. Oder vielmehr, er bemerkte es nur zu gut, allein dies fachte die Leidenschaft zu gotteslästerlicher Wuth an, und mit einem Fluch wollte er seinen Willen erzwingen. Eben stand er vor einer Stelle, wo durch eine dünne Schneeschicht hindurch eine breite Spalte gähnte; der nüchterne Verstand hätte ihm hundertmal gesagt, hier sei nicht durchzukommen, aber die Wuth hatte schon allen Verstand übertobt: mit einem „In

Gottes und aller Teufel Namen!" nimmt er ohne Besinnen einen Satz, wie er meint, über die Spalte hinaus, und — krach! bricht es links und rechts, auf allen Seiten dröhnend ein. Kaspar stürzt in die kalte grüne Eisschlucht, der Himmel weiss wie tief, und rauschend rollt ihm der umliegende Schnee als Lawine nach.

Da lag der Aermste lebendig begraben, und es mochte wohl lange dauern, bis er sich aus der Betäubung des schrecklichen Sturzes erholt hatte. Wie er erwachte, befand er sich in einer hochgewölbten Eisgrotte, die dem schönsten Feeenpalast Ehre gemacht haben würde. Wände und Decke waren glatt geschliffen wie vom feinsten Marmor, der Marmor aber war luftiges Himmelblau, durchädert von meergrünen Streifen. Hinten in der Grotte rieselte ein Bächlein in muthwilligen kleinen Sätzen von der Oberwelt herab, grünes Wasser auf hellem Azur. O es war wunderschön, aber kalt, entsetzlich kalt. Noch entsetzlicher war es dem alten Jäger um's Herz; er fühlte, sein letztes Stündlein habe geschlagen; die Füsse waren in das Wasser jenes Bächleins getaucht, sie begannen zu erstarren, und er hatte nicht die Kraft, sie herauszuziehen. Wo er mit den Händen tastete und in die Höhe zu klettern suchte, glitten sie am starren geschliffenen Eise ab. Ein Hohn war die ganze Zauberpracht der Grotte, ein strahlendes Grab. Da konnte höchstens ein Wunder helfen. Das muss man dem Kaspar aber lassen: er schickte sich in das Unglück, wie es einem tapfern Manne ziemt. „In Gottes Namen," sagte er zu sich, „gestorben muss es doch einmal sein, und da sind am Ende diese blauen und grünen Kristallwände ein viel schönerer Todtenbaum, als die sechs tannenen Bretter, in welchen sie Einen auf den Kirchhof von Meiringen tragen. Zuletzt bin ich doch selbst an meinem Unglücke Schuld; was brauchte ich so unsinnig zu laufen? was hatte ich überhaupt in's Wallis hinein zu wildern? Es ist dir recht geschehen, Kaspar, und nun schliess' deine Rechnung in Gottes Namen! — — — Aber 's schön Anneli, mein Kind?" Bei diesem Gedanken hörte plötzlich alle Fassung auf. Den starken Mann schüttelte ein gewaltiger Fieberfrost, dass Leib und Seele zitterten und Thränen und Jammer in einem Strom sich ergossen. „O Anneli, mein Kind, mein liebes Kind! Wie wird es dir sein, wenn kein Vater mehr heimkehrt und du allein, mutterseelenallein, noch übrig bleibst? Wie wird das heitere Roth von deinen Wangen fliegen und Platz machen dem Abbild jener weissen Rosen, aus denen man Todtensträusse flicht! O, wie wird er brechen, der helle Strahl deines Auges, das mich so oft entzückte, dieser Spiegel fröhlicher Jugendlust, der Abglanz deines reinen Herzens! Und die armen Kinder vom Thal, die an schönen Sonntagen zu uns heraufsteigen und denen du dann schöne Alpblumen schenkst, dem brävsten ein seltenes Edelweiss, denen du Geschichten erzählst und Lieder singst — ach, sie werden nun nichts mehr von dir vernehmen, als etwa ein altes klagendes Friesenlied. — Gott schütze dich, mein Kind! Mich aber hebet weg von der Qual dieses Gedankens, von der Folter dieses Lebens, ihr Geister, gute oder böse, die ihr hier hausen möget!"

Bei diesem Ruf erscholl ein gewaltiger Krach, wie im Winter, wenn die Gletscher arbeiten und an ihrer Gestalt für den folgenden Sommer zimmern. Verschwunden war das Bächlein, das eben noch über die Eiswand stürzte, und die Wand mit ihm. Eine neue, viel grössere Grotte hatte sich aufgethan, und an ihrem

Eingange stand — der Berggeist. Der ganze Leib war angethan mit einer Rüstung von Gletschereis, das jeden Augenblick vom Azur zum Meergrün und vom Grün zum Himmelblau hinüberspielte; um die Schultern hing ein Talar von blendendem Firnschnee, aus dem unzählige diamantene Lichtfunken strahlten; auf dem Haupte trug er eine graue Felsenkrone, und den Granit überragte flockiger frischgefallener Schnee. Das Antlitz des Berggeistes war die leibhafte Majestät, gepaart mit unaussprechlicher Milde. Nachdem er eine Weile halb ernst, halb lächelnd den Jammernden angeblickt, hub er an:

„Wieder eines dieser thörichten Menschenkinder, welche die Leidenschaft in's Verderben stürzt. Was focht Dich auch an, Kaspar? Warst sonst ein kluger Mann, und rennst so unsinnig über die Gletscher, von denen du wissen solltest, dass sie keine Tanzböden sind. Warst sonst ein braver Mann, und wilderst in Gebiete hinein, die Dir nicht gehören. So geht der Teufel mit den Menschen durch, wenn er ihnen Tugend und Verstand geraubt."

„„O grosser Geist,"" fiel Kaspar dem Berggeist in's Wort, „„quäle mich nicht noch mehr! gib mir den Todesstoss, und ich bete Dich an im Sterben.""

„Damit hat es noch gute Weile, Mensch. Es thäte mir leid um Dich, und noch mehr um Deine schöne Tochter, von welcher ich weiss, dass sie Dich lieb hat. Es wäre schade um ihre hübschen Bäcklein, wenn sie sich schon abhärmen müsste. Die Weiber der Menschen werden so schon früh genug alt; was gerathen ist, zu dem muss man Sorge tragen. Du hast soeben den guten und den bösen Geistern gerufen, dass sie Dich wegheben möchten; es wäre anständiger gewesen, die bösen aus dem Spiel zu lassen, sie sind ohnehin geschwind genug bei der Hand, wenn die guten fehlen. Darfst dem Himmel danken, dass ich, der ich der gute Geist bin, Deinen Ruf zuerst vernahm, sonst wär' es Dir wahrscheinlich schlecht ergangen. Habe unterwegs ein Dutzend Kobolde von der schlimmsten Sorte wegfegen müssen, sie zeigten nicht übel Lust, über Dich herzufallen. Mensch, ich will Dich retten und unversehrt wieder auf die Oberwelt schaffen."

„„Habe Dank, habe Dank, o grosser Geist! O Anneli, mein Kind, dass ich dich wiedersehen soll!"“

„Allein, guter Mann, schon unter euch Menschen ist ein Dienst des andern werth, wie viel mehr zwischen Mensch und Geist. Ich erwarte auch etwas von Dir."

„„Was könnte es sein? Ich bin ein armer Mann und habe nichts, was Deiner Herrlichkeit ziemte."“

„Nein, Mensch, Du bist ein reicher Mann, Du besitzest das schönste Kapital im ganzen Oberland, und dieses Kapital ist Deine Tochter. Wären Du und Deine Brüder nicht störrige Freiheitsmänner, ich würde Deine Tochter zur Königin des Oberlandes erheben. Aber wart', ich mache sie gleichwohl dazu. Mit einem Wort, Kaspar: ich gebe Dir das Leben und Du gibst mir Deine Tochter."

„„Gilt nicht. Geh', und lass' mich sterben."“

„Hat man je einen halsstarrigeren Menschen gesehen? Aber so sind diese Berner. Was missfällt Dir denn an dem Handel?"

„„Ich sollte mein Leben dadurch erkaufen, dass ich mein Kind unter die Geister schickte. Daraus wird nichts. Geh', und lass' mich sterben."“

„Alter, das war brav gesprochen. Nun verdienst Du doppelt, dass ich Dich rette. Ich sehe schon, ich muss Dir eine Concession machen, es läuft ohnehin bei den b'hebigen Oberländern selten anders ab. Wohlan, ich lasse es darauf ankommen, dass Deine Tochter mich will; weist sie mich ab, dann werde ich es Dir nicht nachtragen, Du aber sollst auf keine Weise, weder durch Wort noch Geberde, sie abzumahnen suchen. Bist Du's so zufrieden?"

„„Topp! — Aber als ehrlicher Mann muss ich Dir, o grosser Geist, zum voraus sagen, dass sie, ein ehrsam bescheidenes Mädchen, nie einen so gewaltigen Herrn nimmt.""

„Topp! — Werden sehen, wer zuletzt lacht. Zwar gehe ich da einen schlechten Schick ein; denn ich fürchte, wenn ich mein Element, die Gletscher, verlasse und als Mensch zu euch Menschen niedersteige, so werde ich auch eure Leidenschaften und Schwächen mit in den Kauf nehmen müssen. Doch ich hoffe, ein Rest meiner Macht wird mir auch in der Verwandlung bleiben, und auf alle Fälle ist Dein Kind ein Wagniss werth. Richte ich gar nichts aus, so betracht' ich's am Ende als lustiges Abenteuer. Noch einmal Topp! und jetzt mache, dass Du fortkommst; hast mich schon zu lange aufgehalten. Mein kleiner Finger sagt mir, es habe soeben Einer in Grindelwald drüben die gleiche Dummheit begangen wie Du. Muss nachsehen. Ist es ein braver Mann, dann will ich ihm helfen; ist es ein Schuft, dann geh' er zu Grunde. Adieu."

Sprach's und verschwand mit einem Krach, zehnmal stärker, als der sein Erscheinen begleitete. Kaspar aber fühlte sich von rosenrothen Wolken in die Luft gehoben und über Gletscher und Berge hingetragen. Und wie die Wolken verflogen, stand er auf seiner Alp, wenige Schritte vom Heimet. Sein Häuschen glänzte lustig in der Abendsonne. Heraus aus der Hütte flog 's schön Anneli mit jenem Jauchzen, das der gepressten Brust entströmt, stürzte dem Vater in die Arme und bedeckte sein Gesicht mit heissen Küssen. „Gott Lob und Dank!" rief sie unter Jubel und Seufzen, „Gott Lob und Dank, dass Du wieder hier bist. Mir schwante, es sei Dir ein Unglück begegnet. Nein, es ist nicht wahr; ich habe Dich noch, ich habe Dich noch, mein lieber, lieber Vater!" Kaspar drückte das Kind nicht weniger warm an's Herz, aber kein Wort kam in diesem Augenblick über seine Lippen. —

Nicht lange nach dieser Begebenheit war grosser Herbstmarkt in Meiringen, ein Hauptfest für die Hasler, jung und alt, Männlein und Fräulein. Auf diesen Tag dieses Jahres hatte der Jäger Kaspar seinem Anneli den ersten Tanz versprochen, denn er huldigte dem löblichen Grundsatz, dass ein Tänzchen in Ehren Niemand verwehren solle. Es gibt dabei aber auch nichts Lieblicheres, als so ein frisch ausgewachsenes Gusti, das am Leiblichen alle Tugenden seines Geschlechts entfaltet, im Herzen noch Kind ist und unbewusst die helle Unschuld aus den Augen strahlen lässt. Schon der blosse Anblick rührt den jungen Leuten das Blut auf, manchmal sogar noch den alten, und wer das Glück hat, das Meidschi zuerst im Arm zu wiegen, möchte g'rad' drei Tänze auf einen Gump mit ihr abpolken. Daneben ist es gar gleitig vom Schöpfer eingerichtet, dass diese Tausendsasächen auch ihre Freude an dem Gestampf haben und fast noch am liebenswürdigsten sind, wenn sie recht unbeholfen thun und aus Schüchternheit kaum ein Ja oder Nein herausbringen. Nur Geduld; nachher wird ihnen das Zünglein schon geläufig.

Wie ein solider Bauer an keine Lustbarkeit geht, ohne wo möglich ein vortheilhaftes Geschäft mit zu verbinden und auf diese Weise sein ökonomisches

Gewissen zu beschwichtigen, so hatte Kaspar auf jenen längst vorausbestimmten Tag ein tüchtiges Kühlein herangezüchtet, ja Anneli hatte es eigentlich selbst erzogen und der Vater versprochen, Alles, was über den gewöhnlichen Preis würde erlöst werden, solle der Erzieherin als Lohn gehören. Anneli hatte redlich seine Pflicht gethan, und noch etwas mehr, als dies: es hatte das Thierchen schon von seiner Geburt an nicht nur rechtschaffen genährt und getränkt, sondern auch fleissig gestreichelt, getätschelt, an der Stirne gekrabbelt und artig mit ihm gesprochen; und wenn ein solches Geschöpf sieht, dass man menschlich mit ihm umgeht, dann gedeiht es noch einmal so gut wie sonst, insonderheit so ein g'merkiges Oberhaslerli. Anneli liess es sich nun aber auch nicht nehmen, ihr feines braunes Pflegekind höchstselbst zu Markte zu führen, und machte daraus, ohne es zu ahnen, zum voraus einen bessern Schick, als der alte Kaspar wohl träumte. Wie hätten sich's die Beiden in ihrer Bescheidenheit auch einbilden können, dass das Thierchen nur allein durch die holde Nachbarschaft um wenigstens 10 Kronen im Werthe stieg?

Es war ein Anblick, würdig eines Malers, wie sie in Zürich unten enen haben sollen — ich glaube, er heisst Koller —, als das kleine Trüppchen am frühen sonnigen Morgen die Alp verliess. Voran trippelte 's schön Anneli im besten Putz. Besonders sauber sah über der Brust das Buhisteckerli von blitzneuem rothem Tuch aus, gerade recht gewölbt, nicht zu viel und nicht zu wenig, un ein milchweisser Hals tauchte daraus hervor; das Gesicht sehr wichtig, es verrieth, dass tausenderlei Gedanken in dem Köpfchen herumfuhren, die klaren fröhlichen Augen aber beruhigten, es sei nichts Schlimmes dabei. Unmittelbar hinterdrein kam die blank gestriegelte braune Lisi, folgsam und gescheidt; man brauchte sie gar nicht zu führen, sie suchte von selbst so oft wie möglich mit der Schnauze an die Hüfte des Mädchens zu gelangen, um irgend ein freundliches Wort oder ein Streicheln von seiner Hand zu erhaschen. Zuletzt schritt in langsameren, dafür aber auch weit ausholenden Schritten der alte Kaspar einher, in seine Berechnungen und in die Pfeife vertieft, die nur dann und wann eine Rauchwolke ausstiess; zuweilen aber blieb er auch stehen und guckte nach den Flühen hinauf, um im Vorbeigang den Schlupfwinkel irgend einer Gemse zu erspähen. Von dem verwetterten Gesichte hob sich fast feierlich der steife weisse Hemdkragen ab, an welchem nur das räthselhaft blieb, dass er dem guten Manne nicht von unten herauf die Ohren vom Kopfe schnitt.

Als sie, obwohl lange nicht die Letzten, in Meiringen anlangten, war der Markt schon in vollem Gange und es herrschte auf demselben ein ganz ungewöhnliches Leben. Wie ein Lauffeuer ging von Haufen zu Haufen, von Gruppe zu Gruppe die Frage: „Habt ihr den reichen Italiener gesehen?" Wer ihn noch nicht gesehen, dem wurde bereitwilligst die Belehrung zu Theil: „Es ist ein steinreicher Mann, er zahlt nur in Gold und marktet keine Secunde lang. Er schaut sich ein Thier an, und verstehen thut er's, denn er nimmt nur gute Waare auf's Korn, fragt kurz angebunden: Was gilt es? Kommt nun Einer mit Räuspern und Scharren und will mit der Sprache nicht heraus, so wünscht er ihm einen höflichen guten Morgen und spaziert weiter; antwortet Einer dagegen frischweg: 60 Kronen! 80 Kronen! so sagt der Italiener: Topp! langt in den Sack, holt das Gold heraus, zählt noch ein paar Kronen mehr hin und fragt: Seid Ihr zufrieden? Der Verkäufer ist natürlich sehr zufrieden, muss lachen über die komische Frage und das blanke Gold, er antwortet: Ja, Herr! und der Handel ist fertig. — Mach' hurtig, Köbi, dass Du mit Deinem Muni auch d'ran kommst, der ist preiswürdig. Ich sage Dir, so lange Meiringen steht und die alten Mauern von Resti auf das Dorf herablugen, ist hier noch nie so schön gehandelt worden. Heut' kann das Tanzen ein paar Stunden früher als sonst beginnen." Das bejahende Kopfnicken aller Umstehenden bestätigt dem noch zweifelnden Köbi die Richtigkeit der eben vernommenen Mähr, er zieht darauf seinen Muni mit kräftigem Ruck von dannen, im Kopf erwägend, wie viel Kronen mehr er unter sothanen Umständen auf seinen ursprünglichen Preis schlagen wolle. Weniger gefällt es ihm dagegen, wie er bei zwei hübschen Meidscheni vorbeizieht und die eine zur andern sagen hört: „Hast Du den schönen Italiener gesehen? die den bekommt, hat es einmal gut." Da brummt der Köbi in den Bart: „Jä nei! unsere Braunchen mag der Welsche mit über die Berge nehmen, aber die Mädel soll er hier lassen, sonst pfeif' ich ihm in alle seine Goldvögel." Man merkt, der Köbi ist noch ledig, aber er ist halb und halb auf der Weibe, und zu diesem Geschäfte dient allerdings eine grosse Auswahl besser, als eine kleine.

Endlich debouchirte, wie man in der Garnison zu sagen pflegt, auch die kleine Kolonne des Kaspar auf den Markt, und Alles machte respektvoll Platz. Für's Erste nämlich mochte man allgemein den braven Jäger wohl leiden, zweitens galt sein Kind unbedingt als das famoseste Meidschi im Oberhasli, und Jedermann war betroffen darüber, wie das Blitzding im letzten Sommer noch zugenommen, während man vorher doch glaubte, schöner sei nicht mehr möglich. Und was ihr Viehlein betrifft, so konnte Einer, wenn er nur halbwegs gut hörte, sogleich das Gemurmel vernehmen: Das Stück gibt doch dem ganzen Markt den Bogen, es ist es toll's Chüeli!

Natürlich war der reiche Italiener auch nicht mehr weit, da er sich so gut auf die Waare verstand. Richtig sah man ihn schon am Platz, er pressirte aber diesmal nicht halb so stark wie früher, und seine Aufmerksamkeit war augenscheinlich getheilt in die schöne Waare und in die schöne Herrin. Fast schien es, der Mensch und der Viehhändler kämen mit einander in Conflikt. Wie der Italiener aber bemerkte, dass der alte Kaspar in ein ernsthaftes Gespräch über das Wetter verwickelt war, begann Signor seine Verhandlung. Der schlanke junge Mann mit den kohlrabenschwarzen Haaren und den flammenden Augen hatte jedoch kaum die Lippen geöffnet, so ging mit dem Anneli eine merkwürdige Veränderung vor: sie ward beim ersten Blicke des unternehmenden Fremden fürzündigroth, so dass eine Weile Kopf, Hals und Brusttuch eine und dieselbe Farbe zeigten. Das schreckte aber den Italiener durchaus nicht ab; im Gegentheil, er begann:

„Was gilt Dein Stücklein, schönes Kind?“

Anneli war nicht im Stand, eine Antwort zu geben, sie schlug in unüberwindlicher Verschämtheit die Augen zu Boden.

„Ich sehe,“ begann der Fremde wieder, „Du bist in dem Geschäfte noch nicht recht bewandert. Es ist, scheint es, an mir, das Angebot zu machen. Zweihundert Kronen — bist Du's zufrieden?“

„„Herrjemine! Hundert sind schon zu viel.““

„Nein, Kind, das eine Hundert ist nicht zu viel für Dein Musterstückchen, das ja die allerfeinste Race darstellt, wie ich sie noch nie so vollkommen gesehen.

Und was das andere Hundert betrifft, so rechne ich, ich habe in Mailand schon manchesmal eben so viele Doublonen für ein schönes Gemälde ausgegeben, und das lieblichste Kunstwerk, das mir in meinem Leben noch vor Augen getreten, bist doch Du, Annina. Nimm's nur. Und wenn Du auch noch ein Verdienst dabei haben willst, so lasst uns alsogleich den Kauf mit einem flotten Tanze besiegeln. Horch, dort drüben fiedeln sie schon, und die lustigen Hasler jodeln und stampfen dazu, dass es eine Art hat."

Dies Alles sagte der Fremde mit einem so feinen Anstand und so gewinnender Stimme, dabei spielte aber so etwas Geheimnissvolles mit, dass es dem Anneli wieder grün und blau vor den Augen flimmerte und alle seine Gedanken erstarrten gleich dem Kohlhäschen vor dem Rachen der Schlange. Die Schlange jedoch weidete ihre Blicke mit hellem Genuss an dem wieder weiss gewordenen Pelzchen. Gottlob trat nun der Vater herbei und ergriff, als ihn die Umstehenden von dem verdächtigen Handel unterrichtet hatten, das Wort:

'Herr Italiener! wollt Ihr mein Kühlein, so zahlt, was es werth ist, nicht mehr und nicht weniger. Dann nehmt das Thier und lasst uns in Ruh. Hier wird sauber gehandelt. Meint Ihr etwa, dass Ihr mit Euren Doublonen hier oben Alles kaufen könnet, so möchte es Euch passiren, dass — —'

Plötzlich stockte das geläufige Wort, und soweit dies an einem verwetterten Gemsenjäger möglich ist, lief es in diesem Augenblicke dem Kaspar eiskalt den Rücken hinauf; denn seine Augen hatten im Italiener den drohenden Blick des — Berggeistes erkannt.

'— — Nimm das Geld, Anneli, und folg' ihm; ich begleite Euch.'

Jedermann wunderte sich, wie das Anneli ohne Widerstreben gehorchte; denn wenn man sie als ein sehr folgsames Kind kannte, so wusste man doch auch, dass sie am rechten Ort gelegentlich ein Köpfchen zeigen konnte; und hier war der Ort dazu, da der Kaspar sich schwach benahm, gar nicht nach seiner sonstigen Art. Ich habe einmal einen Helgen gesehen, auf dem stand am einen Ende ein nackter kleiner Bub, mit Flügeln auf dem Rücken und einem Köcher über der Schulter; er hatte eben mit einem kleinen Bogen auf ein am andern Ende schmachtend daliegendes Meidschi geschossen und der Pfeil stack dem unglücklichen Wesen mitten im Herzen. Ein G'lehrter erklärte, der Helgen zeige, wie die Mädchen verliebt werden, und nun glaub' ich fast, das Anneli hatte auch einen Pfeil in der Brust, wenigstens die stechigen Blicke des Italieners konnten gar wohl solche vorstellen. Genug, das Meidschi folgte willig wie ein Opferlamm, wenn auch blass wie Schnee. Doch der erste Tanz schon erwärmte ihre Wangen, und beim zweiten und dritten ging's noch besser, denn der Italiener tanzte wie ein Gott, und Anneli's Beine waren auch nicht faul. Es war überhaupt ein Paar zum Hinwerden. Die Buben mochten noch so jaloux sein auf den Fremden, im Geheimen mussten sie sich doch gestehen, dass sie sammt und sonders plumpe Löhls seien gegen den gewandten Herrn, und dass zum schönen Anneli eigentlich etwas Apartiges gehöre.

Als ein halbes Dutzend Tänze vorüber waren, führte der Italiener sein Gespan in einen der Nebenräume, wo man trinkt; er bestellte nicht vom Schlechtesten und verlegte sich nun auf's Plaudern. Das Anneli hatte nach und nach seine Sprache recht gut wieder gefunden, sogar auch jenes verzauberte Lächeln, mit

dem es den Knaben zusetzen konnte, vielleicht ohne
es nur zu wissen. Der Kaspar hatte sich unterdessen
längst zu den Alten gesetzt, um ruhig die Weltläufe
zu verhandeln, wie die Kunde sie stossweise in diese
Thäler heraufbrachte; oder wenigstens that er dergleichen, als ob er ruhig wäre. Der Italiener, um
wieder auf den zu kommen, sprächelte dies und das,
lauter unverfängliches Zeug, und das Anneli ging munter darauf ein. Endlich begann er aber doch mit
Wichtigerem, obschon der Ton seiner Stimme es nicht
im mindesten verrieth. Es heisst überhaupt, die Wel-
schen sollen in der Verstellung stark sein.

„Wie wär's, Annina, wenn Du mit mir über die
Berge kämest, in das schöne Land, wo ich zu Hause
bin? Ich würde Dich zur reichen vornehmen Frau erheben, ich würde Dich auf den Händen tragen, und Du
solltest es besser haben, als Gräfinnen und Baronessen."

„„Hi, hi, hi!"""

„Du lachst? Ich sage Dir, dass dies mein ganzer
Ernst ist."

„„Aber der meine nur halb.""

„Mädel, mach' mich nicht wild und höre mir recht
zu. Was willst Du Dein schönes junges Leben hier
oben versauern, während Dir das Glück ein Paradies
aufthut? Statt, wie hier, in elender Hütte, sollst Du
in einem marmornen Palaste wohnen; statt der ein-
samen Alp mit ihren kahlen Felsenwänden findest Du
duftige Gärten mit Blumen aller Art, mit Lauben und
Hainen, in denen goldige Orangen prangen; statt der
grauen Nebel und Wolken, welche diese Berge fast
unaufhörlich verhüllen, wölbt sich dort über Deinem
Haupte ein ewig blauer, warmer Himmel. Sei kein
Närrchen, Annina, und sage zu."

„„Sprechen könnt Ihr, Herr Italiener, es vergeht
Einem wie Schmalz auf der Zunge. Ich bitte Euch,
gebt mir Antwort nur auf die eine Frage: was soll
dann aus meinem alten Vater werden?““

„Ah, Du willst Dich nicht von dem Vater trennen?
Das ist schön von Dir. Allein was hindert das? Er
komme mit, und er soll es nicht schlechter haben als
Du.“

„„Gibt es auch Gemsen in Euren Orangenhainen?““
„Du liebe Unschuld, das gerade nicht.“

„„Seht, dann kommt halt der Vater nicht, und
wenn der Vater nicht kommt, komm’ ich nicht, und
damit ist unsre Rechnung aus. Dank’ Euch für alles
Gute, Herr, und glückliche Reis’.““

Bei diesen Worten, die am Schluss nicht ohne
einige Bitterkeit hingeworfen wurden, erhob sich Anneli, entschlossen, allen weiteren Zudringlichkeiten des
Fremden den Faden abzuschneiden. Nun aber ward
der Fremde zornig wie ein ächter Italiener. Anneli war
kaum auf den Füssen, so stand auch er auf, fasste das
Mädchen um die Hüfte, gierig wie ein Raubvogel, dem
die Beute entschlüpfen will, und schrie überlaut:

„„Folgen musst Du mir, einfältiges Ding! und zum
Zeichen, dass Du mein bist, drücke ich Dir den Ver-
lobungskuss auf die Lippen.“

Der Kuss war aber erst unterwegs und hatte sein
Ziel noch nicht erreicht, als ein derber Klatsch erscholl
und der Allzuhitzige betäubt auf seinen Stuhl zurück-
prallte.

Wenn schon der Blitz in das Haus geschlagen hätte,
so würde er nicht plötzlicher und nicht gründlicher
allen Gesprächen, die im Saal durcheinander schwirr-
ten, ein Ende gemacht haben, als das gellende Geschrei
des Fremden und der Senf d’rauf. Tiefe Stille herrschte

augenblicklich, und Aller Augen waren auf Anneli gerichtet, die recht eigentlich majestätisch dastand in
ihrer Wuth, die Fäuste in die Hüfte gestemmt, die
Lippen in einander gekniffen und die grossen blauen,
zornsprühenden Augen unverwandt nach dem Beleidiger
gerichtet. Eine volle Minute dauerte die peinliche
Stille, kein Mensch wagte ein Wort zu sagen, nur der
Köbi und einige seiner Kameraden waren aufgesprungen;
sie zeigten nicht übel Lust, über den Italiener herzufallen; erst wollten sie aber doch wissen, was eigentlich los sei, und passten, so zu sagen, mit gespanntem
Hahn auf das Kommando. Es kam. Kaum war der
Italiener wieder zur Besinnung zurückgekehrt, so wollte
er in blinder Rachewuth auf Anneli los, die aber tritt
einen Schritt zurück, stampft sich fest und bannt den
Mann mit durchbohrendem Blick auf seinen Posten,
wie man eine wilde Bestie zum Stehen bringt. Noch
einen lautlosen Augenblick, und es klang aus Anneli's
Munde derb und begleitet von herrschender Geberde:

„„Meiringer Knaben, macht sauberen Tisch!““

Es bedurfte keines zweiten Befehls, so drangen
die nächsten Knaben auf den Fremden ein, um ihn
mit nervigen Fäusten in's Freie zu befördern. Der
Italiener war jedoch nicht gesonnen, sich so wohlfeil
behandeln zu lassen. Jetzt stand auch er wie ein Held
da, mit fast grässlichem Blick, und in der erhobenen
Rechten blitzte die Klinge eines scharf geschliffenen
Dolches. O Himmel! was konnte sich begeben? auf
Anneli's Geheiss! Das nahm dem Mädchen plötzlich
allen Muth, und mit zitternder Stimme rief sie unter
die jungen Mannen:

„„Knaben, lasst ab!““

Diesem Befehle gehorchten die Knaben nicht so
rasch. Ist das Wuhr aufgezogen, dann bricht der

Strom heraus. Schon war der Köbi im Begriff, den Italiener zu packen, und im gleichen Moment würde er ganz sicher den Stahl in der Brust gefühlt haben; da, in der letzten Secunde, stürzt Anneli zwischen die Beiden hinein, stösst mit der einen Faust den Köbi bei Seite und fasst mit der andern Hand den Italiener beim Arme:

„ „Platz, Knaben! Platz!" "

Das überraschte Volk machte Platz und bildete unwillkürlich eine Gasse bis zur Thür, eine viel weitere, als vor der Hand nöthig war. Der beste Pfadschlitten würde nicht schöner gebahnt haben, als der Respekt und die Bewunderung, die dem entschlossenen Schritte des Bergmädchens vorangingen. So kam der Fremde unangetastet aus dem Saal. Anneli aber, dem begreiflich alle Tanzfreude gestört war, eilte, nachdem sie noch eine kurze Weile den Ausgang gehütet, wie von namenloser Angst befallen zum Vater, um ihn zu schleuniger Heimkehr zu bewegen. Ein halbes Dutzend Knaben liessen sich, trotz aller Abwehr, die Ehre nicht nehmen, den Beiden bis zu ihrer Alp das Ehrengeleit zu geben, denn es konnte ja Niemand wissen, ob nicht der Italiener mit seinen Knechten sich in einen Hinterhalt legen würde, um das Meidschi zu entführen. Die ganze übrige Nacht patrouillirten die Getreuen in der Gegend der Alp und kehrten erst mit dem anbrechenden Tage wieder heim, stolz darauf, für 's schön Anneli etwas gethan zu haben. Nöthig war es freilich nicht, denn der Italiener ist verschwunden, man hat nie mehr etwas von ihm gesehen. —

Das Anneli hatte schon besser geschlafen, als diese Nacht. Noch am folgenden Morgen war ihr Köpfchen voll des eben Erlebten. Sie hatte auch gar zu viel auf einmal erfahren. Für's Erste ist es sehr natürlich, dass ein schönes Kind, das just im Begriff, seinen eigenen Platz in der Menschheit einzunehmen, Gefallen findet an einem schmucken jungen Manne, besonders wenn sie blond und er energisch schwarz ist. Spielt dieser gar den Artigen, den Zuvorkommenden, Alles, versteht sich, mit gehörigem Anstand, dann streicht sie sicherlich den Tag, da dies geschah, im Kalender roth an. Allein vom Heirathen, obschon es am Ende doch immer auf diesen Punkt hinausläuft, darf man ihr bei Leibe nicht reden, sonst ist Alles verspielt. Die Sache soll schön nach und nach kommen, nicht schutzig, nicht italienisch; diese weise Verhaltungsregel hatte der Fremde ausser Acht gelassen, als er mit der Thüre in's Haus fiel. Letzteres mag allenfalls ennet den Bergen der Brauch sein, hier geht es nicht an; man macht die Meidscheni nur wild, wenn man seine Huldigung nicht mit gehörigen Kratzfüssen oder gar mit Kasteiungen einleitet. Dem Anneli lag aber immer noch Eines quer: es war nicht im Reinen mit sich, ob es dem ungestümen Liebhaber gegenüber recht gehandelt. Eine innere Stimme antwortete ihr Ja auf diese Frage; dann musste sich Anneli aber auch wieder gestehen: es war doch ein gar artiger Herr, und eigentlich Böses hat er ja nicht gewollt, im Gegentheil. Sie fühlte ein lebhaftes Bedürfniss, sich mitzutheilen, und da war leider keine lebende Seele auf der Alp, als ihr Vater. Der zeigte sich entsetzlich spröde auf allen Punkten, wo sie ihn anzubohren suchte, er wollte auch gar nichts vom Italiener hören, und als sie seine Geduld durch unaufhörliche offene und verdeckte Fragen zum Platzen brachte, erwiderte er barsch:

„Meidschi! jetzt lass' mich in Ruh mit dem dummen Zeug. Dass Du einmal heirathest, versteht sich von selbst. 's wär' schad', wenn nicht noch ein paar andere

Geschöpfe wie Du auf die Welt kämen. Was Du mich aber da fragen willst, hättest Du der seligen Mutter sagen sollen, wenn sie noch lebte. Gott sei's geklagt, dass er sie zu früh weggenommen; im Uebrigen danke dem Himmel, dass er Dir Verstand für Zwei gegeben, und nun mache für jetzt und alle Zeit diese Sache mit Dir allein aus."

Es bedurfte zum gründlichen Abbruche dieser Verhandlung kaum des Laufbuben von Meiringen, der in diesem Augenblick in die stille Alpwohnung trat. Er war scharf gelaufen und brachte die Meldung, es sei ein vornehmer Herr von Bern angekommen, der wünsche eine Bärenjagd zu machen und bestelle den Kaspar als Hauptjäger. Solche Aufträge braucht man Männern wie Kaspar nicht zweimal auszurichten; selbst mitten im wichtigsten Geschäfte lassen sie sich dadurch aufrühren, wie wenn sie eine Natter gestochen und zu jeder weitern Arbeit untauglich gemacht hätte; dem Vater Anneli's aber kam die Botschaft dreifach erwünscht, weil sie das sicherste Mittel war, den vertrackten Fragen des Mädchens zu entrinnen. Unterdessen, dachte er, wird sie das Zeug schon verschlafen. Er befahl daher ohne Besinnen:

„Hol' mir die Sonntagsrustig und ein sauberes Hemd, Anneli; den Buben will ich unterdess selbst besorgen. Denke Dir, Anneli, ein Herr von Bern! Vielleicht ist es gar ein Landvogt oder hoher Rath, einer meiner gnädigen Herren und Obern, da muss man hurtig bei der Hand sein. Denn nur vornehme Herren oder Lumpen gehen auf die Jagd, und die Stadtlumpen kommen nicht bis zu uns herauf. Schnell, schnell die Sonntagsrustig!"

Wehr und Waffen fanden sich natürlich immer zur Stelle, da bedurfte es keiner Vorbereitungen. Als Alles fertig war, hing sich Kaspar die Büchse um, bot seinem Kinde einen freundlichen Abschiedsgruss und sagte:

„Gaum' gut, Anneli, und b'halt' Dich lustig."

Womit 's schön Anneli in Vaters Abwesenheit sich den Kopf zerbrochen haben mag, darüber wollen wir uns den eigenen nicht abmartern. Ohnehin war sie längst daran gewöhnt, Tage lang allein auf der Alp zu leben, und in solcher Einsamkeit ist es ja gerade gut, wenn man etwas Neues hat, mit dem man sich die Zeit vertreiben kann. Genug, die Jagd dauerte zwei volle Tage und endete in der Gegend von Kaspar's Alp, wie am Abend des zweiten Tages ein wohlbekanntes Jauchzen der stillen Gaumerin von weitem verkündete. Sie fand kaum Zeit, für die unerwarteten Gäste das Nöthige zu Speis' und Trank herzurichten, obschon es gewöhnlich auf einer Alphütte bald genug zusammengelesen ist. Während sie den Milchkessel über den Herd hing und das Feuer anschürte, um etwas Warmes zu wege zu bringen, blickte sie dann und wann zum geöffneten Fensterchen hinaus und spähte nach der neuen Herrschaft. Anneli's Gesicht war nie schwach gewesen, allein seit dem Herbstmarkte hatte es sich zur Schärfe des Falken gesteigert mit Bezug auf fremde junge Herren, die ihr neuerdings in's Gehege kommen würden. Ihre Ahnung, dass es wieder ein Junger sein würde, das heisst gerade so recht im Alter, bestätigte sich vollkommen. Aber weh! wie sah der aus im Vergleich zum schönen Italiener! Während dieser bei allen seinen Bewegungen wie aus Gemsengliedern zusammengesetzt schien, trug der neu Herankommende seinen Nacken fast so steif wie ein Ahornstecken. Doch Anneli fand keine Zeit, lange Betrachtungen und Vergleichungen anzustellen; einmal musste auf die Arbeit gesehen werden, und dann kam das Jodeln und Jauchzen der Jagdgesellschaft so rasch in die Nähe, dass es höchste Zeit ward, die gute Manier zu beobachten, indem die Hauswirthin ein paar Minuten vor Ankunft der Gäste sich unter die Hausthüre stellte.

Der Zug, der nun erschien, sah stattlich genug aus. Vier Mann trugen auf einer Bahre einen gewaltsmächtigen Bären, und dabei guckte einem der vorderen Träger der Schweif eines Urhahns, den man im Vorbeigang geschossen, aus der Seitentasche heraus. Die Träger alle machten triumphirende Miene, obschon ihnen der Mani schwer auf den Schultern lag, und Einer nach dem Andern stiess einen gellenden Jauchzer aus zum Preis ihrer That und zum Grusse der schönen Aelplerin. Denn es ist unglaublich, wie so ein Donnerskind selbst die rauhesten Bärenherzen in Brei zerkneten kann, einzig und allein durch ihr liebliches Aussehen. Voran schritten in eifrigem Gespräche der Herr von Bern und Kaspar, der die Gewehre von Beiden um die Schulter gehängt hatte. Während die Träger, vor dem Alphause angekommen, sich ihrer Last entledigten, führte Anneli den vornehmen Gast sammt dem Vater in die Stube; die Uebrigen folgten von selbst nach, und Alle waren erfreut, den Tisch schon mit gehörigem Warmen in reichlicher Weise beladen zu sehen.

„Das muss man Dir lassen, Kaspar," sagte einer der Treibmannen, als Anneli nach der ersten Aufwartung wieder hinausgegangen war, „ein Mädel hast, das ist ein Kapital, wo man die Haut anrührt."

„„Hoho!" " fiel ein Zweiter ein; „„ich rathe Dir, sie nirgendwo anders anzurühren, als an einem der zehn Finger, sonst geht es Dir wie neulich dem Italiener. Es war ein Mordspass, und seither gefällt mir an dem Meidschi nichts so gut, wie seine rechte Hand." "

'Habt Ihr auch von der Geschichte gehört?' frug der dem Herrn zunächst Sitzende seinen vornehmen Nebenmann.

„O ja" — erwiderte dieser — „und es war forsch von dem Kinde, man würde es ihr kaum ansehen. Allein so was Apartes ist es denn doch nicht; unsere Mittelländerinnen können es gerade so, sie sind nur ein wenig langsamer, aber, wenn es gilt, dann vielleicht noch währhafter. Wo sollten übrigens unsere tapfern Buben herkommen, mit denen wir Herzöge und Könige und Kaiser schlagen, wenn die Mütter dieser Buben nicht auch handfeste Geschöpfe .wären?"

'Ganz recht,' fiel der Vorige ein, 'aber Euch Herren von Bern muss man es nachreden, dass Ihr uns und unsere Knaben auch zu führen versteht. Was Euch gewöhnlich an Speck und Muskeln abgeht, habt Ihr dafür an Verstand und Wissenschaft voraus, und das sieht ein Jeder ein, dass es alleweil gut nur gehen kann, wann Alles das beisammen ist, und wenn Beide, Herr und Bauer, das Herz am rechten Flecke haben.'

Es ist eine alte Schwachheit der Oberländer, dass sie gelegentlich gern ein wenig schmeicheln. Wie nun dieser Ton angeschlagen war, konnte es nicht fehlen, dass der Erste anhub:

„Ja, Anneli," denn diese hatte sich neuerdings eingefunden, „auch dieser Herr hier versteht seine Sache trotz dem gewandtesten und unerschrockensten Gemsenjäger; dein Vater wird es bestätigen. Klettern kann er wie ein Gratthier, und couragirt ist er, ich glaube, er würde den leibhaftigen Teufel nicht fürchten. Er ist's, er ganz allein, der das Unthier, welches wir mitgebracht haben, erlegte. Als wir dem Mutzen auf der Spur waren und ihn nach und nach in die Enge getrieben haben mussten, postirten wir den Herrn an

die Stelle, die wir für die wenigst gefährliche hielten.
Richtig lief der Bär, wie wir seiner endlich ansichtig
wurden, gerade in der Richtung, in der wir ihn haben
wollten, und da stand Dein Vater zur letzten Oelung
bereit, als plötzlich ein centnerschwerer Stein vom
Felsen herabrollt, dem Bären vor den Weg. Der guckt
verwundert, wie er oben den Rumpel hört, mit seinen
pfiffigen Aeuglein hinauf, blitzschnell dreht er sich auf
den Hinterbeinen um und läuft, was gist was hest, in
gestrecktem Galopp der entgegengesetzten Richtung zu,
just auf den Herrn los. Mir ward's grieselig zu Muthe,
denn in dem Augenblicke hätte ich um das Leben des
lieben Herrn keinen Halbbatzen mehr gegeben. Der
aber bleibt stehen wie ein Bock, lässt das Thier, das
eine kleine Anhöhe zu ihm hinauf galoppirte, auf zwanzig Schritte herankommen, legt an, drückt ab — paff!
Aber o weh! ich sah von weitem schon an den von
der Schulter auffliegenden Pelzhaaren, dass die Bestie
nur gestreift war. Freilich rollte sie rücklings den
kleinen Hang hinab, aber unten angekommen, stand sie
schon wieder auf den Hinterläufen, reckte sich grim-
mig aus und rannte mit entsetzlichem Gebrüll nun erst
recht auf ihren Feind los. Wir Alle eilten natürlich
dem Herrn zu Hülfe, allein wir befanden uns in der
Erste zu weit weg, um das Thier sicher treffen zu
können, und dann war der Bär viel flinker als wir. Er
stand schon wieder bei dem Herrn, als dieser seinen
zweiten Schuss noch nicht fertig geladen hatte. Jetzt,
dacht' ich, hilft nichts mehr, als Glück oder Helden-
muth. Mit schauderhafter Kaltblütigkeit geht der Herr
bis hart an den Rand des Abhanges dem Thier entgegen, dreht sein Gewehr um, schlägt es ihm zweimal
rechts und links um den Schädel, dass es bis zu unseren Ohren herüber krachte; der Mutz schüttelt aber

nur den Kopf, als hätte ihn eine Bremse incommodirt, und stellt sich brüllend zum letzten Sprung hoch auf die Hinterbeine; da gewahrt der Herr den günstigen Moment, stösst dem Thier mit aller Gewalt den Kolben in die Brust, der Mutz überpurzelt und rollt zum zweiten Mal das Berglein hinunter. Gott Lob und Dank! — Piff! paff! schiessen ich und der Christen. Aber, weiss der Teufel! wir fehlen Beide. Wir waren durch das Laufen zu sehr in Jast gerathen. Der Herr indessen hatte während der neuen Kapriolen des Mani Zeit gefunden, fertig zu laden. Wie der Bär zum dritten Mal und wo möglich mit dreifacher Wuth herauf stürzt, hält ihm der Herr das Gewehr beinahe hart an die Brust und jagt ihm eine Kugel in die Lunge, dass ihm das Athmen für immer vergeht. Er rollte zum letzten Mal den Abhang hinunter, um nicht wieder aufzustehen. Wir Andern kamen eben jetzt an und hätten zwei Todte heimzutragen bekommen, wenn sich der Herr nicht so tapfer selbst geholfen hätte. Respect vor ihm! Stosst an, ihr Mannen, und du, Anneli, thu' ihm Bescheid aus meinem Glase."

Anneli wusste, was der Brauch war, und that wie befohlen. Auch hatte die eben vernommene Erzählung ihr eine grosse Achtung vor der Tapferkeit des vornehmen Herrn eingeflösst, besonders nachdem Kaspar die Wahrheit des Erzählten mit einem kurzen bestimmten Wort bekräftigt. Allein auch der vornehme Herr liess mit immer merklicherem Wohlgefallen seine Blicke auf dem Gesichte und der Gestalt des schönen Mädchens weiden. Er hatte zu gewahren geglaubt, sie habe während der Erzählung recht um sein Leben gebangt und hoch aufgeathmet, als schliesslich statt seiner die Bestie todt war. Ja vielleicht bildete er sich gar ein, das Meidschi sei daran, Knall und Fall in ihn verliebt zu werden. Wenigstens sollen die Herren in Bern überhaupt schnell mit dieser Einbildung bei der Hand sein und dann, wenn es just keine Festungen zu erstürmen gibt, mit nicht minderem Ungestüm auf Mädchenherzen losgehen. Verbürgen kann ich's nicht, aber es heisst so; auf der anderen Seite hört man aber auch sagen, dass sie in der Stadt unten manchmal eine böse Zunge haben, besonders wenn sie zu lange beim Kaffee sitzen.

Sei dem, wie ihm wolle; der Herr nahm die Huldigung des Mädchens sehr gnädig auf, sein steifer Nacken schien sich sogar etwas zu beugen, er rückte auf die Seite und verdeutete dem Anneli, sich neben ihn zu setzen. Diese gehorchte jedoch erst, nachdem ihr ein fragender Blick nach dem Vater die Gewissheit verschafft hatte, dass es erlaubt sei. Schon wurde sie bei weitem nicht mehr so glühig roth, wie neulich dem Italiener gegenüber — so leicht gewöhnen sich die Meidscheni an das Schönthun —, aber ein klein wenig wurde sie's doch. Der Herr befahl jetzt einem der Leute, aus dem Proviantsack die paar rothen Burgunderflaschen zu holen, die er für nach der Jagd aufgespart, und es begann ein heiteres Bamboschiren mit Geschwätz und Gesang, wobei Anneli's Jodler in die Bässe der Andern hineinklangen wie ein Silberglöcklein in die Treicheln der Meisterkühe. Nachher gingen die Treibmannen hinaus, um unter Kaspar's Leitung den Bären auszuweiden, und der Herr blieb mit dem Anneli allein in der Stube.

Man war sich bei dem ungewohnten Französischen so vertraut geworden, dass es Anneli kaum bemerkte; und da sie von Hause aus ein heiteres Gemüth war, so setzte das ungewohnte Getränk ihr Zünglein dermassen in Bewegung, dass sie beinah' wie aus der Art schlug. Sie lachte und stichelte, nicht bös' gemeint natürlich, nach allen Seiten. Dass der Herr für so viele Reize nicht kalt bleiben konnte, versteht sich von selbst, und da ein vornehmer Herr, namentlich, wie gesagt, ein solcher von Bern, auch gar zu gerne bereit ist, die Freundschaft eines niedriger geborenen Mädchens als halbe oder ganze Verschossenheit auszulegen, so begann er fast zu herzhaft zu werden:

„Nicht wahr, die Herren von Bern sind keine so üblen Leute?"

„„Von diesen habe ich noch keinen gesehen, als Euch, Herr. Wenn sie Alle so sind, so müssen's steife und tapfere Herren sein." "

„Und wenn nun eines Tages so Einer käme und wollte Dich nach Bern hinunter oder gar auf irgend ein Schloss im Aargau als Gnaden Frau Landvögtin führen, würdest Du dann Ja oder Nein sagen?"

„„Nein, würd' ich sagen." "

„Warum nicht gar!"

„„Nein, würd' ich sagen, sag' ich noch einmal; und ich will Euch sagen, warum. Die Herren Landvögte gelten bei uns Bauersleuten dafür, dass sie dem Volke das Blut aus den Nägeln hervorpressen, und eines Solchen Frau möcht' ich nie sein, auch wenn er so reich wäre wie der silbrige Stock." "

„Nun, so lass' es keinen Landvogt sein, sondern sonst einen vornehmen Herrn, angesehen von Allen seines Gleichen, vom Lehenmann und Handwerker bis zum Boden hinab ehrfürchtig gegrüsst, der seine ganze Zeit Dir widmen kann und nur zur Erholung dann und wann die Lauben auf und ab spaziert, um frische Luft zu schöpfen — "

„„Und dazu zu singen: Zur Arbeit nicht, zum Müssiggang sind wir, o Herr, geschaffen? Pfui Teufel!

einen Derartigen möcht' ich erst recht nicht. Ich stelle mir vor, ein Mann, der nichts thut, muss ein entsetzlicher Mensch sein, und ehe mir ein solcher Langweiler den ganzen Tag auf dem Nacken sitzt, will ich lieber zehnmal eine alte Jungfer werden." "

„Aber ich bitte Dich, Kind, so arg ist es denn doch nicht. Wenn man kein Amt hat und kein Geschäft, so gibt es immer noch genug Gelegenheiten, um den Geist zu beschäftigen und die Zeit auszufüllen. Die Hauptsache für Euch Frauen bleibt aber der Umstand, dass es zum guten Ton gehört, sich stets freundlich und aufmerksam gegen die Damen zu benehmen. Ja dies bildet in der feinen Gesellschaft sogar ein erstes Erforderniss zur guten Erziehung, und geht jeder Kunst und Wissenschaft voran."

„ „Und sind denn die Herren bei Euch immer so artig und aufmerksam?" "

„Zweifelst Du daran?"

„ „Ich muss wohl, denn ich habe schon vielmal sagen hören, die Herren von Bern seien überall charmant, nur daheim nicht." "

Der Herr mochte anknüpfen, wo er wollte, das Wettersmeidschi trumpfte ihn immer wieder ab. Dies musste ihm natürlich zuletzt den Geduldfaden reissen. Seine Stirne runzelte sich unwirsch zusammen, der bisher freundlich gewesene Blick hatte sich nach und nach verfinstert, ja bei den letzten Worten ward er so schwarz, grimm und stechig, dass Anneli glaubte, auf einmal wieder — den Italiener vor sich zu sehen. Halb aufgerichtet und das zitternde Mädchen mit durchbohrenden Augen musternd, frug er:

„Mädchen, hat Dir Dein Vater das eingetrichtert?"

„ „Um Gottes Willen, was habt Ihr, Herr? Mein Vater weiss nichts davon." "

Mit diesen Worten wollte sie sich eilends aus der unheimlichen Luft flüchten; der Gast aber, der im gleichen Augenblick gefühlt haben mochte, dass er aus der Rolle gefallen sei, hielt sie am Arm zurück, hatte sofort wieder die allerfreundlichste Miene angezogen und beschwichtigte:

„Fürcht' Dich nicht, Kind, ich bin nicht bös. Nur darauf gib mir noch Bescheid: wie wird denn eigentlich der Mann aussehen, der einst Deine Gunst erwirbt?"

„„Vor allen Dingen lasst mich los, Herr, oder ich rufe dem Vater und seinen Mannen.""

Er liess Anneli's Arm fahren.

„„Wie mein Schatz einmal aussieht, das weiss der Herrgott, ich nicht, und Euch geht es nichts an. Das aber kann ich Euch zum voraus sagen, dass mich der armseligste Gaisbub eher bekommt, als der fürnehmste Herr aus Italien oder Bern. Nach meinem einfältigen Verstand will die rechte Liebe errungen sein, nicht geschenkt; und das Ringen verstehen unsere Buben besser, als ihr Herren, denen das Glück in die Wiege gefallen.""

Auf dieses eilte das Mädchen in die Flur hinaus, schlug die Thüre schmetternd hinter sich zu und lief schnurstracks zum entferntesten Gaden der Alp hinauf, um nicht eher wieder heimzukommen, als bis sie aus der Ferne bemerkt hatte, dass der fremde Herr mit seinem Trosse zu Thal gezogen. —

Zwei solche Stürme in so kurzer Zeit auszuhalten, ist zu viel für ein junges Mädchenherz; eine Wunde muss immer zurückbleiben. Ich meine fast, es geht da wie mit dem Erdreich, in welchem köstlicher Samen liegt, eine trockene Glühsonne hält aber die Oberfläche starr und versperrt dem Samen den Durchbruch. So hält ein kindlicher Sinn das junge Herz in der liebenswürdigen Gefangenschaft der Unschuld, dann gräbt auf einmal das Leben grausame Spatenstiche in das Erdreich, auf welchem sonnige Jugendlust bisher ihr Spiel trieb, der Gedanke der Aussenwelt, die Welt selbst dringt ein in den heiligen Schacht und findet als köstlichsten Samen die Liebe. Die Liebe athmet auf, strebt durch die Wunde zum Licht, entfaltet ihr reiches Gezweig, und Rose an Rose spriesst duftig hervor. So war seit jenem zweiten Versuchungstage Anneli's Unbefangenheit dahin; und da sie mit dem Vater nicht reden konnte, war sie am liebsten ganz allein. Sie feierte ein stilles Fest, wenn er fortging auf die Jagd. Dann durfte auch sie frei ihrer Neigung folgen, und diese zog sie hinauf auf die Fluh, von wo man an die höchsten Firne und weit in's ebene Land hinaus blickt. Hier war Linderung für die gepresste Brust, eine Welt für das liebebedürftige Herz.

Eines Tages hatte sie sich ungewöhnlich weit an der Fluh verstiegen, an welcher die Schafe grasten. Wieder war sie in ihr süssschmerzliches Träumen versunken und staunte der sinkenden Sonne nach, die eben mit goldigem Glanze hinter den Bergen verschwinden wollte. Da vernahm sie auf einmal zu Häupten ein jammervolles Blöcken. Ihr Lieblingslämmchen hatte sich verirrt, war eine Strecke weit die Karrplatten hinabgerutscht und wusste sich nicht mehr zu helfen. Mit wahrer Angst lief Anneli hin und her, um zu sehen, wie sie den Liebling rette, allein auch sie fand für das arme Thierchen keinen Ausweg: es war Alles glatter Felsen, wohl einen Kirchthurm hoch, auf welchem man allenfalls mit Lebensgefahr hinabrutschen, nimmer jedoch hinauf klettern konnte. Nun stiess auch Anneli ihre helle Wehklage aus, doch vermochte sie nicht länger zuzuschauen, es schnürte ihr das Herz zusammen, sie eilte von dannen, um nicht länger Zeuge des traurigen Schauspiels zu sein, in welchem sie so ohnmächtig dastand. Zwei, drei Mal noch vernahm sie im Forteilen den Jammerruf des armen Lieblings, gleich als wollte es klagen: Hilf mir, Anneli, ich bin verloren! Dies mochte das Mädchen vollends nicht ertragen, nur einen letzten Blick noch, dann — — Welches Wunder geschah! Wie hingezaubert stand beim verirrten Lamme ein junger Bergmann, halb Hirt, halb Jäger, von kräftigem Wuchs und frischem Blick. Eben nahm der plötzlich erschienene Retter das Thierchen in den linken Arm und drückte es an die Brust, dass es sich nicht rühren konnte, dann warf er sich auf den Felsen und liess seinen Körper behutsam die steilen Platten hinabgleiten, mit der rechten Hand die Schnelligkeit des Laufes dämpfend. O Gott, es hilft nichts. Schneller und schneller geht der Lauf, der Mann bemeistert ihn nicht mehr, und zehn Schritte über dem Boden schlägt es ihn mächtig über. Dem Anneli ward es schwindlig bei dem Anblicke, sie musste sich am nächsten Felsenblocke halten, um nicht in die zitternden Kniee zu sinken, und dies dauerte eine gute Weile. Sie erwachte aus ihrer halben Ohnmacht erst, als sie ein Geleck an der herabhängenden andern Hand spürte: es war der Liebling, der gar keinen Schaden genommen und nun, froh seines wiedergewonnenen Lebens, recht muthwillig umherhüpfte, dass sein Glöckchen am wolligen Hals raste, als müsste es Sturm läuten. Und es läutete wirklich Sturm. Anneli war kaum wieder zu Kraft gekommen, so war ihre nächste Sorge auf den verunglückten Mann gerichtet; sie stieg etwas an der Fluh zurück, um nach dem Retter ihres Lieblings zu sehen. Er lebte, aber lag in elendem Zustande da, vergebens bemüht, sich aufzurichten und nach dem nahen Bergstocke zu greifen, den er von oben vorausgeworfen; im Gesichte jedoch zeigte er eine kräftige Ruhe.

„Thu' nicht so, Meidschi," erwiderte er den jammernden Gruss des Anneli, „es wird nicht so schlimm sein. Ich glaube, die Achsel ist mir auseinander, aber das Uebrige noch in Ordnung. Hilf mir auf die Füsse."

Anneli half.

„So, reiche mir nun von dort den Stock in die linke Hand. — Danke. Jetzt erlaub', dass ich Dir den rechten Arm über den Nacken lege, dann wird's gehen. — Uff! ja da liegt es, ich habe die Kraft nicht. Thu' Du mir's."

Anneli duckte sich nun selbst unter den Arm des Verwundeten und legte ihn sachte auf ihren Nacken, so dass die Hand vorn über die rechte Schulter herabhing.

„Dank, Meidschi; jetzt sollte es gehen. Lasst uns ein paar Schritte probiren."

Es ging, aber sachte und langsam. Uebrigens war es, als ob der Herrgott die Zwei grad' wie zusammen geschaffen hätte; Anneli besass just die gehörige Grösse, um dem Arm des Verunglückten die bequemste Lage zu gewähren, und wer den Beiden in's Gesicht hätte blicken können, würde bei ihr eine engelsgleiche Hingebung gefunden haben und bei ihm jene Selbstbeherrschung, jenes männliche Unterdrücken des Schmerzes, wie es nur urkräftigen Naturen gegeben ist.

Er war gleichwohl halb zu Tode ermattet, als nach langem, schmerzhaftem Gange die Alphütte erreicht wurde, und er wusste kaum, wie ihm geschah, als ihn Anneli auf ihr eigenes Bett legte, die Wunde aus-

wusch und verband, und Alles that, was in solchen
Fällen nur immer die hingebendste Pflege vermag.
Gegen Morgen verfiel er in ein heftiges Fieber, das
mehrere Tage und Nächte anhielt, allein auch hiergegen
wusste Anneli einige heilende Kräuter, so dass das
Schlimmste am Ende bald überstanden war. Der
Kranke war aber auch so geduldig, so folgsam allen
Anordnungen seiner liebenswürdigen Pflegerin.

„Jetzt musst mich noch ein paar Tage behalten,
Anneli," sagte Hans eines Morgens, da er sich wieder
hell im Geist fühlte und die Genesung im wunden
Körper spürte, „dann wird es wieder von selbst
gehen."

„„Nein, Hans, noch ein paar Wochen lass' ich
Dich nicht fort, sonst könntest Dir einen Schaden für's
Leben auflesen.""

„Liegt Dir denn so viel an meinem Leben, Anneli?"

„„Siehst Du? Du musst noch länger bleiben, Du
hast noch Fieber, sonst würdest nicht so dumm
schwatzen.""

„Ich will Dir nur Eines sagen, Anneli; wenn ich
noch viel länger bleibe, dann gehe ich kränker weg,
als ich hergekommen bin, aber diesmal anderswo un-
pass, als an der Schulter."

„„Guck, wie Du wieder irre redest; man versteht
ja gar nicht, was Du sagen willst.""

Dass ihn Anneli aber doch recht gut verstanden,
das bezeugten die plötzlich roth gewordenen Wangen,
die sie freilich vor dem Kranken zu verbergen bemüht
war. Eben trippelte zum Glück das gerettete Lämmchen, das Anneli seit jenem Abend bei sich behalten,
zur halb geöffneten Thüre herein, und diese nahm die
gute Gelegenheit wahr, es zu streicheln und zu herzen,

um dem Kranken den Rücken zukehren zu können. Als sie sich nach einigen Sekunden wieder kühler fühlte, drehte sie sich nach der Seite des Kranken zurück und fuhr zum Lämmchen fort:

„„Guck', Dein Lebensretter wird wieder gesund. Gelt, du hast auch deine Freude d'ran? Geh' und mach' ihm ein Kompliment."``

Das Lämmchen hatte fast Verstand; es hob zwei, drei Mal seine Vorderbeinchen in die Höh', nickte mit schiefliegendem Köpfchen jedesmal dazu, dass das Glöckchen am Hals wirbelte, und galoppirte dann am Bette des Kranken vorbei schnurstracks wieder in's Freie hinaus. Hans und Anneli lachten dazu wie die Kinder.

Dem alten Kaspar war natürlich das curiose Wesen der Beiden nicht entgangen. Wer sollte es auch nicht merken, wenn Zwei in einander verliebt sind? Allein in richtiger Würdigung der Verhältnisse, und seinen Versprechungen und Aussagen getreu, liess er der Sache einfach ihren Lauf. Ohnehin konnte er sich auf die gesunde Natur seines Kindes verlassen, das die von ihm gehegte gute Meinung gegenüber den räthselhaften vornehmen Herren glänzend gerechtfertigt hatte. Auch gefiel ihm der junge Bursche recht gut, und eigentlich hätte er nichts lieber gewünscht, als dass das Anneli so schnell wie möglich mit ihm unter Dach käme, damit endlich der vertrackte Berggeist ihn und sein Mädel in Ruhe lasse. Mit Vergnügen nahm er deshalb die Gelegenheit wahr, wo ihm, so zu sagen, die väterliche Pflicht das Amt auferlegte, sein Wörtchen d'rein zu reden. Je näher nämlich der Tag heranrückte, da aller und jeder Grund aufhörte, die Alphütte für einen Spittel und ihre schöne Herrin für eine Krankenpflegerin zu nehmen, desto blasser und wortkarger, desto kränker im Innern wurde das Anneli. Mehr als einmal schwebte ihr ein Geheimniss auf den Lippen, welches sie dem Vater anvertrauen wollte, aber jedesmal unterdrückte die weibliche Scheu es wieder. Eines Samstag Abends, als Hans einen Gang durch die Alp machte und Kaspar mit seinem Kinde allein auf der Bank vor der Hütte sass, hub der Alte, nachdem er zuvor einige mächtige Rauchwolken ausgestossen, folgendermassen an:

„Anneli, ich muss Dir was sagen."

Dies war ein ganz ungewohnter Redeanfang. So rückte Kaspar nur aus, wenn er etwas Wichtiges sagen wollte. Anneli schaute ihn daher mit grossen, erwartungsvollen Augen an.

„Als Deine selige Mutter noch lebte, folgte ich dem Grundsatze, der Mann müsse sein Geschäft haben und die Frau das ihrige, und da dürfe man sich gegenseitig nicht in's Handwerk pfuschen, so werde der häusliche Friede am besten erhalten. Du weisst, seit die Mutter todt ist, bist Du schon früh angehalten worden, ihr Wesen zu besorgen, und ich gebe Dir das Zeugniss, dass Du's nie anders, als zu meiner Freude thatest."

Hier räusperte sich der Alte und Anneli fand Zeit, Zeichen lebhafter Ungeduld abzulegen durch Hin- und Herrutschen, durch Augen - Auf- und Niederschlagen, durch Zupfen am Fürtuch und so weiter. Natürlich roch sie den Braten, und wenn sie ihrer Stimmung hätte einen passenden kurzen Ausdruck geben können, so wäre sie dem Redner gewiss in's Wort gefallen: Zur Sache, zur Sache! Kaspar merkte nichts davon, er war allzusehr in seinen wohldurchdachten Vortrag vertieft und fuhr, nachdem er wiederholt lange Züge aus seiner Pfeife gethan, fort:

„Jetzt ist ein Fall eingetreten, wo Du Mutter und Tochter zu gleicher Zeit sein solltest, und das geht unter natürlichen Menschen nicht gut an. Ich meine, das Beste ist, ich wildere einmal gegen meine sonstigen Grundsätze in das Weibergeschäft hinein; wie ich die Sache ansehe, kommen wir damit Alle am hurtigsten auf einen grünen Zweig.“

Zur Sache, zur Sache! tönte es, wenn auch mit andern oder gar keinen Worten, im Innern des Mädchens, und ihre Ungeduld gab sich durch neues Rutschen und Zupfen kund. Diesmal störte es den würdigen Redner, so dass ihm plötzlich der Faden des Zusammenhanges abhanden kam; da es aber keine grössere Schmach gibt, als wenn ein Pfarrer in der Predigt stecken bleibt, so eilte Kaspar rasch entschlossen zum Schluss:

„Anneli! so löhlig, wie Du die letzte Zeit über thust, will ich Dich nicht länger sehen. Wenn Du etwa den Hans magst, so nimm ihn. Ich mag den braven Jungen auch leiden.“

Das war die Sache und brach das Eis. Jauchzend sprang das Anneli auf, drehte sich zweimal auf dem rechten Absatz um, sprang dann auf den Vater los und umarmte und herzte und küsste ihn, als ob eigentlich er, nicht der Hans, ihr Schatz geworden wäre. Der Hans aber stand plötzlich zur andern Seite des Vaters und klopfte ihm, diesem fast zum Schrecken, einen währschaften Schlag auf die Schulter:

'Danke, Vater; Ihr sollt es nicht zu bereuen haben, und das Anneli noch weniger.'

Dann reichte er dem Alten die Hand, und die beiden Männer schüttelten sich mit einer Gewalt, dass es einem Städter gewisslich die Armbänder auseinandergerissen haben würde. Nun hub aber Hans wieder an und sagte:

'Ich glaube, Anneli, ich könnte Dich nicht recht lieben, bevor Eines geschehen, das mir besonders am Herzen liegt. Dort drüben über den Bergen, wo ich hergekommen bin, lebt mir die alte Mutter; dieser möchte ich meine Geliebte zuführen. Und Ihr, Vater, kommt mit. Schaut, es weht ein lustiger Föhn von den Gletschern her, morgen wird's wohl der letzte schöne Sonntag in diesem Jahre sein, den könnten wir gerade benutzen.“

„„Ich komme. Gottlob, nun habe ich wieder eine Mutter!““ rief Anneli freudig aus.

Auch Kaspar willigte allgemach ein, aber ungern und nicht ohne ein bedenkliches Kopfschütteln; denn dort drüben, wohin der Hans gezeigt hatte, lag der Viescher Gletscher,

Hans hatte sich anerboten, den Abend noch aus einer benachbarten Alp einen Knecht herbeizuholen, damit er in Abwesenheit der kleinen Familie ihr Vieh besorge, und er kehrte erst heim, als Vater und Anneli in tiefem Schlaf lagen. Lange vor der Sonne waren Alle wieder auf und wanderten lautlos den Höhen zu. Dem Anneli, welche sich sehr freute, zum ersten Mal in die Herrlichkeiten der Gletscherwelt hinauf zu gelangen, von denen ihr der Vater so oft erzählt, ging das Marschiren auffallend mühelos von Statten, sie brauchte kaum zu athmen; und auch der Vater verwunderte sich höchlich, wie leicht und schnell ihn die Füsse trugen, so was war ihm noch nie vorgekommen. Ja, sie fanden sich mit geradezu fabelhafter Schnelligkeit auf der Höhe des Sattels, von dem man in's Wallis hinunter steigt und das grosse Eismeer vor sich hat. In eben dem Augenblicke trat vom klaren Osten her der erste Sonnenstrahl hervor und vergoldete die Bergspitzen ringsum, dass es eine Pracht war. Anneli

5*

hätte vergehen mögen vor Entzücken, und selbst dem gegen die Natureindrücke abgehärteten Kaspar sah die Welt heute b'sonderbar schön aus.

Unterdessen ging aber noch eine andere, für unsere Leutchen viel wunderbarere Veränderung vor, die sie im Anstaunen des Sonnenaufganges anfänglich gar nicht bemerkten. Hans stand plötzlich verwandelt da: der ganze Leib war angethan mit einer Rüstung von Gletschereis, das jeden Augenblick vom Azur zum Meergrün und vom Grün zum Himmelblau hinüberspielte; um die Schultern hing ein Talar von blendendem Firnschnee, aus dem unzählige diamantene Lichtfunken strahlten; auf dem Haupte trug er eine graue Felsenkrone, und den Granit überragte junger flockiger Schnee, auf welchem das Morgenroth glühte.

„O Himmel, der Berggeist!" brach Kaspar mit einem Schrei des Entsetzens aus, und stand dann wie versteinert da. Anneli war wahrlich nicht weniger erschrocken, allein aus alle dem Glanz heraus erkannte sie noch das unveränderte und wohlwollend lächelnde Antlitz des Geliebten. Es beschlich sie fast noch vor dem Schrecken ein unnennbar seliges Gefühl, als ob sie erst jetzt recht glücklich wäre:

„„Schau, Vater, es ist ja mein Schatz.""

'Ja, Kind,' hub jetzt der Berggeist an, 'ich bin dein Schatz und ich werde es bleiben alle Zeit. Ich habe versprochen, Dich zu meiner Mutter zu führen. Sieh', hier diese strahlende Welt ist meine Mutter, aus ihrem Schoosse bin ich entsprossen und in ihren Schooss werde ich zurückkehren, aber erst, wann der Urheber alles Seins die Zeit aufhebt und die Ewigkeit, und Himmel und Erde in Nichts zerfallen. Doch so lange sollst auch Du sein, kraft meiner Majestät, zum Lohne Deiner Tugend und zum Preise der Schönheit. —

Ja, Vater, ich bin der Berggeist, aber fürchte ihn nicht. Er hat Dir schon einmal das Leben gerettet, und so lange es Dir der Gott der Menschen erhält, sollst Du an mir einen mächtigen Beschützer finden. — Nun kommt und lasst uns Hochzeit feiern im Gletscher.'

Indem der Berggeist dieses sagte, hob er gebietend den Arm empor, auf seinen Wink flogen vier Gold-adler von einem der höchsten Gipfel herab, und aus dem Schnabel eines Jeden hing das Ende eines rosen-rothen Wolkenteppichs. Ehe es die Verzauberten nur bemerkten, fühlten sie sich sammt dem Berggeiste auf dem Teppich in die Luft getragen, hoch über den Gletscher hin, und wie sie über der Mitte des Eismee-res schwebten, gab der Berggeist einen neuen Wink. Ein dröhnender Knall wie aus hundert Kanonen er-scholl unter ihnen. Der Gletscher war auseinander-gesprengt, die Adler flogen schnurstracks zur Tiefe mit ihrer Last, mitten in den klaffenden Eisschrund hinein, und als sie drinnen angekommen waren, erdröhnte ein neuer Krach, weg waren die Adler, und die Eiswände wölbten sich in einem ungeheuren himmelblauen Dom über den Verzauberten zusammen. Ein unbeschreib-licher Glanz flammte durch den gewaltigen Gletscher-saal, es wimmelte von Lichtfunken, deren jeder an den schimmernden Wänden sich hundertfältig spiegelte, grüne Cascaden sprudelten in den mannigfaltigsten Gestalten über den glatten Azur und spritzten unzäh-lige weisse Schaumwolken aus. In der Mitte des Saales stand ein Gletschertisch, mit köstlichen Speisen bela-den; der Berggeist führte seine Braut und den Vater zu ihm hin. Kaum hatten sie sich gesetzt, so waren die nächsten Cascaden in eben so viele Brunnen ver-wandelt, die den süssesten Schaumwein in krystallene

Gläser gossen. Jetzt öffnete sich unter wunderbarer Sphärenmusik ein grosses Eisthor am einen Ende des Saales, und herein zog ein Chor von Geistern aller Art, die dem mächtigen Hochzeiter unterthan. Die Vordersten trugen auf sammtenen Polstern die Hochzeitgaben und kamen, damit die verzauberte Braut zu schmücken. Die erste Gabe war ein Gewand von blendendem Firnschnee, aus dem unzählige diamantene Lichtfunken strahlten, und der Geist, der es ihr um die Hüfte legte, sprach dazu: „So rein, wie dieses Gewand, war Dein Herz und wird es bleiben in Ewigkeit.“ Der Zweite brachte ein Diadem von rothen Rubinen und drückte es ihr auf das blonde Haar: „Die Farbe der Scham ist das Zeichen der wahren Liebe, dieser Adel wird Deine Stirne schmücken in Ewigkeit.“ Der Dritte brachte Spangen von schwarzen Topasen und hing sie der Braut um den weissen Arm: „Schwarz ist die Farbe des Todes, den Menschen ein Gräuel; Du aber trägst diesen Stein hinfür als Zeichen, dass Deine Tugend den Tod überwunden und durch jedes Ungemach dringen wird wie der klare Strahl, der aus dem dunkeln Kristall strömt.“ Jetzt erhob sich der Berggeist, fasste die ihm ebenbürtig geschmückte Braut bei der Hand und drückte ihr einen Kuss auf die Stirn, der Chor der Geister aber sank in die Kniee und verbeugte sich vor der Königin der Berge. Wieder ein weithin dröhnender Knall, aushallend durch die gesammte Gletscherwelt, und die Vermählung war vollzogen.

Am Morgen des folgenden Tages war Kaspar wieder auf seiner Alp. Er wusste kaum, wie ihm geschehen. Es war Alles in gleicher Ordnung wie zuvor, nur ’s schön Anneli fehlte, und das machte ihm schrecklich lange Zeit. Dafür gab es kein besseres

Heilmittel, als die Jagd. Kaspar hob die Büchse von der Wand und stieg in die Berge, den Gemsen nach. Er brachte eine erstaunlich reiche Beute heim. Der zweite Tag verstrich ebenso, der dritte auch, nicht minder ein zweites und drittes Jahr und sein ganzes übriges Leben. Dem alten Jäger versagte von diesem Tag an keine einzige Kugel mehr, daneben sprossten aus seiner Alp viel saftigere Kräuter, als je, und die Thierchen, die von ihrem Grase genossen, wurden bis weit in's Welschland hinein bewundert. So waltete der Segen des Berggeistes auf dem grünen Alpeneiland bis zum seligen Ende des Alten.

Am Abend aber des Hochzeittages hatte der Berggeist seine Braut auf ein weiches Lager von Flechten und Moosen gelegt und die duftigsten und farbigsten Blumen um ihr Haupt gestreut, bis sie entschlummerte. Dann hob er sie in seine Arme und trug sie auf's Neue zur Oberwelt empor. Wo die Felsen viele tausend Fuss steil abstürzen nach dem wüsten Roththal, und tiefer noch bis zum freundlichen Plane von Lauterbrunnen, stellte der Berggeist die süsse Last hin. Der Hauch, der da seinem tiefausholenden Athem entströmte, drang in ihren Körper und belebte diesen mit dem unvergänglichen Zauber der Firne. Noch war die Maid bekleidet mit dem Gewande der Alpenkönigin, mit blendendem Firnschnee, aus dem unzählige diamantene Lichtfunken strahlten. Die letzten Falten des Gewandes berühren seitdem die grünen Matten der Wengernalp. Die schwarzen Topase am weissen Arm sind granitne Felsen geworden, die aus den Gletschern lugen. Wo das Herz in ungetrübter Reinheit klopfte, hat der Berggeist den Firnbusen hervorgewölbt, den die Menschen das Schneehorn und das Silberhorn nennen, und sie glänzen in gleicher unverwüstlicher Rein-

heit weit in die Lande hinaus. Die ganze strahlende
Berggestalt heisst seitdem, zum Lob der Tugend und
zum Preise der Schönheit, die Jungfrau; und wenn
Morgens aus den Alpen die Sonne aufsteigt und Abends
hinter dem Jura verschwindet, dann bietet der Berggeist seiner Geliebten den Morgen- und Abendkuss, und
es flammen die Rubinen auf ihrer Stirn.

Das Horn.

Wenn man vom Rothhornsattel eine gerade Linie nach Westen zieht, so fällt sie ziemlich genau auf die Grünhornlücke, einen neuen, hohen und stark vergletscherten Sattel. Er bildet gleichsam das Thor zum Aletsch-Eismeer, dem gewaltigsten der Alpenwelt, dessen eigentlicher Beherrscher, das Aletschhorn, mit seinen 4207 Metern (12,950 Par. Fuss) der nächste Rivale des Finsteraarhorns ist; an den nordwestlichen Wurzeln des Eismeers thront die Jungfrau mit 4167 Metern (12,827 Fuss). Zwischen Rothhornsattel und Grünhornlücke breitet sich der Viescher Gletscher in bedeutendem Umfange aus. Im Norden ist er begrenzt durch das Finsteraarhorn und den hohen Berggrat, der vom Könige der Berner Alpen nach den Grindelwaldner Viescher Hörnern hinüber führt. Diesem Grat entsteigt in nächster Nachbarschaft des Finsteraarhorns das Agassizhorn mit 3950 Metern (12,158 Fuss), dann das grosse Viescher Horn mit 3873 Metern (11,921 Fuss). Bei den Grindelwaldner Viescher Hörnern angelangt, biegt der Grat beinahe im rechten Winkel nach Süden ab und stösst sofort die Viescher Hörner selbst hervor, deren nicht weniger als drei die Höhe von 4000 Metern überschreiten. Diese südwärts laufende hohe Firnkette endigt bei der Grünhornlücke, um sofort wieder sich in einem ungeordneten Haufen imposanter und reich von Gletschern durchwirkter Berggipfel zu erheben, nämlich in den Walliser Viescher Hörnern oder (wie wir sie auch künftig nennen wollen) den Walcher Hörnern, für deren höchstes man früher das wenig über 3700 Meter reichende Wannehorn hielt, während die Dufour'sche Karte den „Kamm" und einen Ungenannten über 3800 und einen zweiten Ungenannten sogar auf 3905 Meter (12,019 Fuss) steigen lässt. Trotz der verworrenen Lage der Walcher Hörner zu einander erkennt man doch in ihrem Grundstock eine bestimmte Richtung, oder vielmehr ihrer zwei. Zunächst von der Grünhornlücke weg folgt diese Kette dem von den Viescher Hörnern gegebenen Impuls bis zum Wannehorn, und der Hauptzug geht auch von da an, dem grossen Aletschgletscher entlang, nach Süden weiter. Vom Wannehorn biegt jedoch ein Zweig nach Osten ab und wendet sich bald sogar nach Nordosten um, direct dem Rothhorn zu, dem gegenüber am Rothhornsattel die mehrerwähnte, von Norden herabkommende Kette des Finsteraarhorns in Gestalt des rothen Eckens erstirbt. So scheint der Viescher Gletscher in beinahe eirundem Kreise von den drei Ketten des Finsteraarhorns, der Viescher Hörner und der Walcher Hörner eingeschlossen zu sein; allein er scheint es nur, denn zwischen dem Rothhorn und dem nordöstlichen Ausläufer der Walcher Hörner erzwingt er sich einen Durchpass. Kaum ist er im Süden des Rothhorns angelangt, so stösst zu ihm der von der östlichen Abdachung des Finsteraarhorns, vom Studerhorn und Oberaarhorn kommende namenlose Gletscher, den wir

am gestrigen Abend passirt haben; die beiden Eis-
ströme vermengen ihre Fluthen, schütteln sehr bald
allen bisher getragenen Schnee ab und treiben in wilder
Nacktheit, von Klüften und Schründen wie kleingehackt,
als eine schmale grüne Schlange nach Süden weiter,
zwischen der Trift im Westen und dem Wasen- und
Setzenhorn östlich hindurch, um nach einer letzten
barschen Biegung dem Viescher Thal zuzueilen und da
in zwei Armen, nicht unähnlich dem geöffneten Schlan-
genrachen, auszuzüngeln.

Dies ist der Schauplatz unserer Abenteuer vom
31. Juli, von welchen ich nun erzählen will.

Als meine Führer um $\frac{1}{2}$ 4 Uhr das kalte Frühstück, bestehend in Schafbraten, Schinken, Wein und
Schneewasser, zurichteten, wies der erblassende Mond
einen Hof, und im Osten glühte ein Purpurroth, das
mir für diesen entscheidenden Tag kein sonderlich gutes
Augurium schien. Dann aber pflanzte es sich den vielen weissen Bergspitzen mit, nahen und fernen. Wie
wir sie vor wenigen Stunden vom Golde des Abends
weg erblassen sahen, so stiegen sie jetzt von der kalten,
todesähnlichen Nacht zu neuem Leben auf, durchglüht
vom jungen Tag, und das herrliche Schauspiel erman-
gelte nicht, auch unsere Herzen zu erwärmen und für
das schöne Beginnen zu stärken. Wolken zeigten sich
zwar auch im Westen, allein sie lösten sich bald im
Hauche des Tages auf; nur über den Gipfeln der südlichen Walliser Berge blieben sie hartnäckig schweben,
und zwar in fast militärisch genauer Front parallel mit
dieser grandiosen Kette.

Kaum hatte, um 4 Uhr, jenes weitverzweigte Alpenglühen dem fertigen Tage Platz gemacht, so begaben
wir uns auf den Marsch. Zum Viescher Gletscher hinab
führt vom Rothhornsattel eine gefrorene Schneehalde,

wo sich's stellenweise vortrefflich auf den Beinen rutschen
liess; und wo ein geübter Gletscherfahrer dieses kind-
liche Vergnügen findet, da lässt er es nie unbenutzt.
Wir waren also schnell unten. Da wollte aber der
Deixel, dass einer der Führer die Bemerkung machte,
etwas Wichtiges auf dem rothen Ecken liegen gelassen
zu haben, dass er folglich die Halde wieder zurück-
steigen musste, was den Marsch um eine gute halbe
Stunde aufhielt. Die Pause wurde jedoch einsichtig
verwerthet. Von diesem Punkte an war das vor uns
liegende Marschrevier allen meinen Führern so gut wie
mir selbst eine unbekannte Gegend. Kaspar hatte sich
zwar vom alten Jaun — Gott hab' ihn selig! — und
von den Schriften des ehrlichen Gottlieb Studer tüchtig
instruiren lassen, so dass er mit gutem Gewissen die
Pflicht übernehmen durfte, mich auf das Horn zu führen; allein solche Instructionen können immer nur so
weit reichen, dem Schüler die allgemeine Richtung an-
zuweisen, für das Detail müssen sein Verstand und
seine Geistesgegenwart selber sorgen. Nun bot gerade
das erste Betreten des Viescher Gletschers eine Ver-
führung dar. Nahm man die Richtung links, nach der
östlichen Abdachung der Viescher Hörner, so gelangte
man in ein prächtiges und allem Anscheine nach leicht
passirbares Gletscherthal hinein, um nach einigen
Stunden zu gewahren, dass man irre gegangen. Kaspar
wusste wohl, dass man sich möglichst nahe an die
Felsenkante zu halten hatte, welche vom rothen Ecken
zum Finsteraarhorn hinansteigt, allein da wölbten sich
vor uns allerlei breite Eisrücken, durchsäet von Gufferinseln, und die Eisrücken versperrten den Blick nach
den obern Lagen. Während der erzwungenen Rast
wurde daher Jakob auf Recognoscirung gesandt, damit
wir von Anfang an die rechte Richtung einschlügen.

So gewannen wir auf ein paar Stunden ganz gute Fühlung, immer im Schnee steigend, zwischen der Bergkette und den kleinen Felseninseln hindurch. Unterdessen war der Tag wahrhaft herrlich aufgegangen. Der Segen dieses Jahres, der Föhn, hauchte uns milde an, und hinter den Walcher Hörnern hervor stieg nach und nach immer grossartiger der Stock des Aletschhorns. Die feine weisse Spitze des Horns selbst erkannten wir erst später in ihrem Glanze, denn die Felsenschultern drängen sich so hoch und breit zu ihr hinauf, dass der Berg lange Zeit eine recht ungeschlachte Figur macht, eher schreckhaft, als schön. Weiter im Süden entwickelte sich die Walliser Kette; doch, so grossartig auch dieser Hintergrund ist, die Kolosse der nächsten Nähe packen so lebhaft die Aufmerksamkeit, dass man jene fernen Riesen nur gleichsam als Zugabe mitnimmt.

Die Fahrt ging ohne jede aussergewöhnliche Beschwerde von statten. Es war eben ein beständiges, bald sanfteres, bald strengeres Steigen im Schnee, ohne besondere Schwierigkeit und namentlich ohne Gefahr. Nur Eines machte sich uns nach einigen Stunden spürbar, nämlich wieder die durchwanderte vorletzte Nacht, für welche das kalte Bivouac auf dem Rothhornsattel einen nur sehr spärlichen Ersatz geboten hatte. Diese nächtlichen Strapazen liessen uns Alle schneller die Müdigkeit fühlen, als es unter andern Umständen der Fall gewesen sein würde, weshalb ich denn auch die Zeit, die wir zur Erklimmung unseres Zieles brauchten, nicht als eine normale betrachtet wissen mag.

Zwischen 6 und 7 Uhr pflogen wir unserer ersten Rast, auf einem Gufferrücken, deren der Gletscher an dieser hohen Abdachung mehrere hervorstösst, um von Absatz zu Absatz nach der Gletschersohle hinunter zu gelangen. Hier versperrte auf's Neue eine höhere Wölbung die Aussicht, so dass noch einmal eine Recognoscirung nöthig wurde. Diese nahm Kaspar selbst vor. Kaum hatte er die Höhe erreicht, so gab er uns sofort das Zeichen zum Nachrücken, denn dort war der Weg wieder klar. Wie ich denn gleich hier bemerken will, dass die Ersteigung des Finsteraarhorns ungleich leichter ist, als man sich's bisher vorgestellt zu haben scheint. Wenigstens bis zum letzten Absatze, 600 Fuss unter der Spitze, bietet der Marsch durchaus keine Erscheinung dar, die nicht auf vielen andern Gletscherbergen auch vorkäme. Man steigt nur hoch, recht hoch, ja! aber hiezu bedarf es blos einer ausdauernden Lunge, durchaus keiner besondern Courage. Von aussergewöhnlicher Gefahr keine Spur. Ebenso habe ich vergebens auf die berühmte Bergkrankheit gewartet. Ausserdem zeigen dem Führer, der einmal im Besitze des Stichwortes ist, die Finsteraarhornkette zur Rechten, die mehrerwähnten Gufferinseln zur Linken, und in der Front der Marschroute die quer und von Absatz zu Absatz höher sich entgegenstemmenden Eisrücken die einzuhaltende Richtung deutlich an. Man braucht sich nur hübsch in der Mitte zwischen der Kette und den äussersten Inseln zu halten und die Eisrücken in gerader Linie zu durchschneiden. Zur Linken der äussersten Inseln stürzt der Theil des Gletschers, auf welchem wir uns bewegen, steil und plötzlich nach dem Hauptstrom hinab, der vom Viescher Grat kommt und das früher erwähnte grosse Gletscherthal bildet.

Etwas nach 9 Uhr erreichten wir den letzten jener Querrücken, auf dessen nördlicher Abdachung sich das Firnfeld ausbreitet, mit welchem das Finsteraarhorn so prächtig nach Westen und Nordwesten hinausstrahlt und das zu Zeiten an schönen Sommerabenden zuletzt

verglüht, wenn selbst die Jungfrau ihr weisses Nacht-
gewand anzieht und alle übrigen Berge der Nachbarschaft dem Tag Ade gesagt haben. Jetzt standen wir
aber auch so hoch, dass wir über die Kette der Viescher
Hörner hinaus mitten in das ungeheure Eismeer des
obern Aletschgletschers hinein blickten. Es war ein
majestätisches Anschauen, diese weite, breite Gletscher-
wüste, blendend in der Vormittagssonne. Links, als
südwestliche Wacht, stand das Aletschhorn da, das alle
übrigen Gipfel überragt. Schnurgerade im Westen erhob sich als blanker weisser Kegel die Jungfrau, doch
taucht der Kegel mühsam aus der unendlichen Firn-
masse hervor und scheint viel weniger sie zu beherrschen, als von ihr beherrscht zu werden. Wenn die
Jungfrau, von Bern, Interlaken oder der Wengernalp
gesehen, gleichsam an die gestrenge Königin Elisabeth
erinnert, so kehrt sie hier mehr die Natur des unschuldigen Gretchens heraus: sie weiss nicht, dass sie
schön ist; sie ahnt nicht, dass sie von der Welt bewundert wird; die ganze gewaltige sie umgebende Welt
ist wirklich auch grösser, und wer den mit Recht ge-
feierten Berg nicht von Ruf und namentlich nicht
von der wundervollen Gestalt, die er nach Norden
weist, kennte, würde mancher andern Spitze dieses
mächtigen Reviers einen höhern Rang zugestehen.
Aber schön, rein ist und bleibt die Jungfrau auch
hier. Nicht wenig tragen zur Erhabenheit des Ge-
sammtbildes die beiden Arme bei, mit welchen die
Jungrau die westlichen und nördlichen Wurzeln des
Aletschgletschers umspannt: hier durch das Glet-
scherhorn, die Ebene Fluh, das Mittagshorn und die
sie verbindende Kette, dort durch den Mönch und
seine Umgebung. Der Mönch macht hier eine noch
bescheidenere Miene, als die Jungfrau, aber im Uebrigen

schien er mir recht vergnügt auszusehen, indess der
noch weiter nördlich gestellte Eiger mit seiner starren
Felsenbekleidung mürrisch dastand, ungehalten zweifels-
ohne, dass er an dem kolossalen Gletscherbilde nicht
mitwirken darf, sondern nebenaus unter die Zuschauer
verbannt ist.

Das Firnfeld, das wir jetzt betraten, kostete uns
manchen sauern Schweisstropfen und manchen schweren
Athemzug. Es ist ungemein steil, so dass wir lange
Strecken im Zickzack und auf sehr kurze Etappen
marschirten. Namentlich an einer Stelle, an welcher
wir, wenn ich mich recht besinne, bei drei Viertelstunden laboriren mussten, war es so stark von unten
nach oben gewölbt, dass mir manchmal schien, wir
kröchen, Fliegen gleich, auf der Oberfläche einer grossen
Kugel. Zu Allem machte die Sonne auf höchst em-
pfindliche Weise ihre baldige Mittagshöhe geltend: sie
brannte lästerlich auf den blendenden Firnschnee, gegen
dessen stechenden, aber unaussprechlich schönen Wi-
derglanz das Auge selbst durch die doppelte Hülle der
blauen Brille und des Schleiers nur spärlich geschützt
war. Die Hitze von aussen und die höchste Anspan-
nung der Lunge und der Muskeln hatten schon so
ziemlich Alles, was sich im menschlichen Körper zu
Schweiss gestalten kann, ausgepresst, die Hautporen
waren nachgerade so trocken, wie das Bett der tro-
pischen Flüsse vor Eintritt der Regenzeit, die Sonne
brannte auf unsere verschmorten Gesichter wie auf
wasserleere, oasenlose Wüsten. Wenn ich und meine
Gefährten eine Woche lang nachher wie halbe Men-
schenfresser ausgesehen haben — von mir wenigstens
bezeugt es der Spiegel —, dann müssen die paar
Vormittagstunden das Meiste an dieser Wandelung
verantworten.

Endlich ward doch auch dies überwunden. Um $\frac{1}{2}$11 Uhr erreichten wir den Hugisattel, das heisst den scharfen Berggrat, der den obersten Fuss des Finsteraarhorns bildet. Hier, auf einer Höhe von 4080 Metern (12,560 Fuss), also genau auf gleicher Linie wie die höchste Spitze des Schreckhorns, nimmt der Firn ein Ende, weil ihm die übergrosse Steilheit der Finsteraarhornspitze keinen bleibenden Halt gestattet. Seinen Namen führt der Sattel zu Ehren des Solothurner Naturforschers Hugi, der am 10. August 1829 die erste beglaubigte Ersteigung des Finsteraarhorns veranlasste.

Auf dem Hugisattel trafen wir eine herrliche Aussicht. Westlich schauten wir siegreich über das Agassizhorn und das Grosse Viescher Horn hin; östlich ragte der Gipfel des Finsteraarhorns etwa 600 Fuss hoch in die Luft; nordwärts schoss von unsern Füssen weg, so zu sagen pfeilschnell, ein schmales Firnfeld zum Finsteraargletscher hinab; hinter dessen jenseitigem Ufer unter vielen und sämmtlich überwundenen Bergen das Schreckhorn mit seiner zierlichen weissen Krone auf dunkler Granitpyramide emporstrebte, wie gesagt, in gleicher Höhe mit uns. Nach Süden und Westen schweifte der Blick über Viescher und Aletsch-Gletscher hin und über ihre Gipfel hinaus an die Walliser Kette und zum Montblanc.

Hier muss ich den Herren Physikern eine Nuss zum Knacken aufgeben. Was mich nicht am wenigsten zur Ersteigung des Finsteraarhorns bewog, war die Stelle in Gottl. Studer's „Panorama von Bern", p. 223, worin gesagt ist, Hugi habe etwa 200 Fuss unter der Finsteraarhornspitze (auf die Spitze selbst wagten sich nur seine Führer Leuthold und Währen) einzig das nahe Schreckhorn und die Viescher Hörner deutlich sich hervorheben sehen; die kaum drei Stunden

entlegenen Kuppen der Jungfrau, des Eigers und des
Mönchs hätten sich bei weitem nicht in so bestimmten
Umrissen gezeigt, als sie von Solothurn, aus einer
Entfernung von 18 Stunden, gesehen werden. Ueber
das Hasli- und Lötschenthal hinaus sei nichts Einzelnes
mehr sichtbar gewesen, und doch habe die Atmosphäre
vollkommen günstig geschienen. Studer fügt hinzu, ein
Jahr später hätten sich diese Lichterscheinungen wiederholt. Als Leuthold und Währen die Spitze erkletterten,
hätten ihnen eine Menge Menschen auf der Grimsel
durch den Tubus zugesehen und sich darüber streiten
können, wer, da sie nur zwei statt der erwarteten drei
Männer gewahrten, die Beobachteten waren; die Männer
auf dem Horn aber hätten, obschon mit besserem Tubus
bewaffnet, und beim hellsten Wetter, nicht einmal das
Thal der Grimsel, noch den See, noch den Spitalberg
unterscheiden können. Ich gestehe, diese Mittheilung
reizte meine Neugier in hohem Grade: ich hätte gar
zu gern die Beobachtung gemacht, wie es einem Men-
schenkind zu Muthe sein mag, das dergestalt der Erde
gleichsam entrückt ist und ein paar Minuten im gren-
zenlosen Universum schwebt. Ich versprach mir hier-
von einen mächtigen und eigenthümlichen Effekt, und
ich trat daher die Reise mit der festen Erwartung an,
hier oben im Himmel drinnen auch bei gutem Wetter
von unserm armen Planeten so viel wie nichts zu sehen.
Wie sehr war ich nun erstaunt, das vollständigste
Gegentheil des Erwarteten zu finden, nämlich eine Klar-
heit, eine Schärfe in den Umrissen auch der entferntesten Gegenstände, die nichts zu wünschen übrig liess.
Wenn Leuthold und Währen durch den Tubus nicht
die Grimsel entdecken konnten, so haben wir dagegen
freien Auges sehr deutlich die einzelnen Häuser im
Grindelwaldthal unterschieden. Auch in die fernen

Berge hinein schauten wir so klar, wie das Jahr vorher von dem nicht 9000 Fuss hohen Schwarzhorn; nur mit dem Unterschiede, dass sich uns hier eine unendlich umfassendere Welt aufthat. Gleiche Erscheinung eine Stunde später auf dem Gipfel des Finsteraarhorns selbst. An der Richtigkeit der oben erwähnten, mit unsern Wahrnehmungen so stark contrastirenden Erscheinungen ist nicht zu zweifeln; allein worin mag wohl der Grund so merkwürdiger Differenzen liegen? Sollte der feine dünne Föhn, der zu unserer Zeit durch die gesammte Alpenwelt strich, ganz allein im Stande sein, solche Wunder zu verrichten?

Doch genug des gelehrten Zeugs, und lasst uns keck die letzte Etappe beginnen.

Wir hatten eben eine neue Stärkung zu uns genommen und schickten uns zum Aufbruch an, als die Aufmerksamkeit durch zwei lebendige Wesen in Anspruch genommen wurde: ein paar Bergdohlen flogen vom Felsen auf und flatterten fröhlich über den Firn hin. Was müssen dies für närrische Vögel sein, dass sie ihren Tummelplatz in so enorm entlegenen Höhen suchen, während die Welt doch so weit ist. Oder wollten sie spottend uns an unsere eigene Narrheit erinnern?

Es war etwa $\frac{1}{2}$ 12 Uhr, als wir uns an die letzte Arbeit machten. Die Finsteraarhornspitze erhebt sich von dieser Seite mit ihren etwa 600 Fuss als eine gewaltig steile und dünne Felsenscheibe. Es ist eigentlich mehr nur ein jäher Grat, der auf seinem höchsten Punkte einem zu gleicher Höhe gelangten Quergrat begegnet und dergestalt den Gipfel des Berges im Dreieck zuspitzt, die eine Wand nach Norden, die andere nach Osten, die dritte nach Süden weisend. Um den von Westen aufsteigenden Grat erklettern zu

6*

können, muss man sich gänzlich schwindelfrei fühlen. An der Nordseite ist die Wand so entsetzlich scharf abgeschnitten, dass sie auch nicht an der kleinsten Stelle den Fuss hinzusetzen erlaubt; die südliche Wand hingegen, obschon auch ausserordentlich steil, ist gangbar oder, besser gesagt, zu erklettern. Es geht nicht anders, als auf allen Vieren, Hände und Füsse finden ununterbrochen zusammen zu arbeiten, und es ist sehr nöthig, dass bei jedem Schritt beide Füsse auf sichern, festen Stein treten und bei jedem neuen Ausholen beide Hände sich an sichern festen Stein anklammern. Diese südliche Wand ist nämlich reich mit verfaultem schieferigem Gestein bekleidet, das sich beim Anfassen löst und dann polternd stürzt, um entweder bald durch einen grössern Stein in seinem Lauf aufgehalten zu werden, oder, wenn es selbst das schwerere ist, eine Menge andern Gesteins aufzustören und mit ihm ein rasendes Wettrennen in unergründliche Tiefen zu eröffnen. Obschon wir bei dieser hie und da etwas kitzligen Fahrt kein Wort sprachen, sondern schweigend Einer hinter dem Andern der von Kaspar gezeichneten Spur folgten, war es doch ein ziemlich geräuschvolles Geschäft; es verging, glaub' ich, keine Minute, dass nicht unter diesem oder jenem Fusse der Stein brach und seinen wilden Tanz begann, oder dass der Hand, die ihren Mann in die Höhe ziehen sollte, der angefasste Stein in der Faust blieb und dann verächtlich in den Abgrund geschleudert wurde. Glücklicherweise war aber auch des festen Granits genug vorhanden, auf welchem man sicher vorwärts kam; man durfte nur bei keiner einzigen Bewegung die goldene Regel ausser Acht lassen: Trau, schau, wem. Fiel in das fast drollige Concert von rutschenden, rollenden und springenden Steinen dann und wann ein dumpfer Basston ein, so entstand wie auf Kommando ein plötzlicher Halt in unserer Kolonne und es wurde dem Schauspiel zugesehen. Dann war es nämlich ein Kerl, der gut seine paar Zentner wog und auf festen Felsen nicht gerutscht war, sondern gesetzt hatte, der Anprall verlieh ihm neuen Schwung und nun sprang der Stein, in oft prächtigen Sätzen ricochettirend, nach dem gewaltigen Abgrund.

Wie doch das Liebliche und das Wilde so nahe beisammen wohnen! Einer jener Steinstürze war kaum verhallt, als auf einmal aus der gleichen Tiefe, wohin der Block gefallen, ein paar Fluhlerchen, kleine graue allerliebste Vögelchen, heraufgezwitschert kamen, sorglos an uns vorbeiflogen und nicht eher ruhten, als bis sie ihren Fuss auf die höchste Spitze des Horns gesetzt. An dieser Stelle hätte ich eher einen grimmen Lämmergeier mit wuchtigen Schwingen erwartet, als solch' ein leichtbefiedertes Liebesvölkchen.

„Vorwärts! vorwärts!" kommandirte Kaspar.

Jetzt packen meine Hände, beide zusammen, einen zackigen Grat, sie rütteln ferm dran, aber er sitzt urfest; ein Ruck, und der Oberleib hebt sich auf den Grat, der Kopf aber schwebt plötzlich über dem nördlichen Abgrund der gewaltigen Felsenscheibe, und senkrecht, etwa 5000 Fuss tief, schiesst der Blick zum grünen Strome des Finsteraargletschers hinab. Beim Zeus, hier darf es euch nicht schwindeln!

„Vorwärts! vorwärts!"

Kaspar hatte Recht, denn dieser grause senkrechte Absturz war im Stand, auch dem Festesten Sinne und sichern Blick zu verwirren. Wir bogen rasch wieder in die südliche Wand hinein. Allein es half wenig. Auch die Südwand hat hie und da ihre glatten, ungangbaren oder getährlichen Stellen, und wenn man einmal auf die Spitze wollte, so musste man zeitweise immer wieder zur Gratscheide zurückkehren, um auf ihrem schmalen Pfade den Körper über zwei Abgründen zu wiegen.

Diese Kletterung an der Spitze des Horns dauerte eine Stunde und war mir im Uebrigen ein recht unterhaltendes Stück, da es mir jederzeit am Felsen, auch wenn er noch so steil, weit wohler ist, als auf dem trügerischen Eise. Nur aufpassen, nur immer aufpassen.

Als wir um $\frac{1}{2}$ 1 Uhr einen neuen Felsenabsatz überklommen hatten, ha! da lag der Gipfel des Finsteraarhorns vor uns in allernächster Nähe. Die Felsenscheibe war etwas ausgeweitet und auf ihrem höchsten Punkt ragte ein aus losem Schiefer aufgemauertes Steinmannli auf, an der östlichen Wand aber, gegen die Grimsel zu, hatte sich eine Schneewechte angesetzt, nicht unähnlich einem ausgeflogenen Bienenschwarm, und die Wechte theilte sich noch weiter der östlichen Abdachung des Felsens mit. Heller Jubelruf verkündete das erreichte Ziel, aber gleich darauf folgte ein allgemeines frommes, stummes Staunen über die Unermesslichkeit der rings um uns ausgebreiteten sonnigen Welt.

Dem, der noch nie mit eigenen Augen solche Herrlichkeit genossen, einen Begriff von derselben zu geben, ist rein unmöglich. Wenigstens ich kann mich nur annähernd mit Vergleichungen behelfen. Redet dem Norddeutschen, der noch keine Berge gesehen, vom Rigi: ihr braucht nicht Redner zu sein, euer nur schon von der Erinnerung trunkener Blick weckt grossartige Bilder im Hörenden auf, und wenn dieser erst selbst so glücklich ist, an einem hellen Nachmittag den ewig schönen Weg von Weggis nach Rigikulm zu gehen, dann verscheucht die nackte, grössere Wirklichkeit alle seine noch so kühn geträumten Gebilde der Phantasie und sie verfliegen mit den Nebeln des See's in matte Phantome. Lasst ihn vom Rigi zum Faulhorn steigen oder zum noch preiswürdigeren Schwarzhorn, zum Sidelhorn oder Titlis: da wird er inskünftig den Rigi als einen allerliebsten hoffnungsvollen kleinen Jungen lieben, in den Letztgenannten aber die Symbole der bewussten Jugend finden, die den Idealen nahesteht und sehnsüchtig zu ihnen hinaufstrebt, hoffend, sie eines Tages erreichen zu können. Führet ihn von da auf den Piz Languard: und er trifft den gemachten Mann, der festen Blicks sein Leben und seine Zeit überschaut. Mehr kann man einem richtigen Menschen nicht zumuthen. Wohlan, nun lasst es ihm schliesslich gelingen, sich zu uns auf den Gipfel des Finteraarhorns zu erheben, in demselben Sonnenschein, in derselben föhnklaren Luft: und er steht vor einem Herrscher, einem Helden, der nicht allein sich selbst und seine Zeit in der Hand hat, sondern einem Jahrhundert den Stempel des Genies aufdrückt. Wer vom Flachlande her kommt und zum ersten Mal unsere hübschen und mit Recht berühmten Vorberge besteigt, wird ungleich weniger erstaunen, als derjenige stutzt, der die Aussichten der Vorberge kennt, sich danach die Wirkung der höchsten Alpengipfel glaubt vorstellen zu können und eines Tages wirklich auf einem solchen steht. Es ergeht ihm dann wie jenem Weisen, der am Ende eines von genialem Denken erfüllten Lebens das Geständniss ablegte, das Ergebniss alles seines Wissens sei, dass er nichts wisse. Ganz eben so begreiflich unbegreiflich ist die Wirkung des Ungeheuern, das der Gipfel des Finsteraarhorns weist, ist das Bewusstsein, über Alles, Alles hin zu schauen, was die Menge als kühn, gross und erhaben preist, und dabei doch dem Kleinsten noch nahe zu bleiben, wie jenen 10,000 Fuss tief unten in der Mittagsonne glänzenden Häuschen des Grindelwaldthales.

Sehr wohl! — höre ich erwidern — da man vom Strassburger Münster und vom Dom in Mailand zugleich das Finsteraarhorn sieht, so muss umgekehrt der König der Berner Alpen auch die Kapitalen des Elsasses und der Lombardie beherrschen, und ein gut Stück Land über beide hinaus, und Alles, was dazwischen liegt, ja Alles, was in die Peripherie dieses gewaltigen Durchmessers fällt, mit einziger Ausnahme dessen, was die noch höhere Kette der penninischen Alpen gegen Piemont hin verdeckt. Gewiss, etwas Kolossaleres, etwas Majestätischeres lässt sich nicht leicht denken, und diese Ungeheuerlichkeit mag an und für sich schon ein Genuss sein. Ich begreife den mächtigen Eindruck, oder wenigstens ahne ich ihn. Allein — —

Was, allein?

Allein es muss doch eigentlich ein endloses Nichts sein, gewissermassen ein idealisirtes Chaos, wo Gross und Klein in einander schwimmt, alle Verhältnisse sich verrücken, die Form verflacht, die Farbe erlischt und nur eine unübersehbare Masse daliegt, wie willenlose Sklaven im Staube zu den Füssen ihres erhabenen Gebieters.

Halt, Grübler! da habe ich dich am rechten Fleck. Erinnere dich, dass unser Held ein Schweizer ist, ein Berner gar. Da läuft es natürlich ohne gehöriges Selbstbewusstsein nicht ab, und sogar ein wenig Stolz mag hingehen; allein gedeihen und herrschen kann hier nur der Gleiche unter Gleichen. Und gerade das ist's, was dem Finsteraarhorn seine schönsten Zauber verleiht. Es herrscht eine wunderbare Fülle in diesen Ausblicken, das Viele aber sammelt sich wieder in drei kolossalen Gruppen, deren jede [für sich allein die ganze Finsteraarhornfahrt werth wäre.

Sieh' da! 5000, vielleicht 6000 Fuss schnurgerade zu unsern Füssen spreizt sich der Finsteraargletscher. Links kommt er von der Strahleck herab als ein mächtiger meergrüner Strom, seine Wogen baden den Fuss des Horns und drohen ihn zu unterwühlen; doch das wuchtige Eis prallt ohnmächtig ab am Granit und flüchtet in strömendem Bogen von dannen. Lange schwarze Gufferlinien folgen der krystallisirten Fluth und vollenden die Täuschung, dass man meint, der Gletscher woge und rausche und werde drüben hinter dem nächsten Berg als ein zweiter Niagara zerstäuben. Fort! weg den Blick! er verwirrt dir den Sinn und reisst dich hinab mit geheimnissvoller Gewalt! — Schau', wie am jenseitigen Ufer sich eine kecke Bergwand erhebt und in der wunderbar schlanken Pyramide des Schreckhorns ausgipfelt. Wir sehen hinunter auf die zierlich weisse Krone, die seine dunkle Gestalt schmückt, über sie hinüber zum Wetterhorn, und über das Wetterhorn hinaus in die weite nördliche Welt. Ja wohl, hier verschwindet der Blick im horizontlosen All, wo selbst Jura und Vogesen und Schwarzwald sich verflachen wie zertretener Kies auf der Heerstrasse. Der Blick eilt zurück zum schauerlich schönen Abgrunde des Gletschers und bleibt, selbst starrend, an das starrende Wunder gebannt. Doch auch diesmal weile nicht zu lang bei dem Bilde, es liegt eine verrätherische Schwindelkraft darin, wie auf hochgehender See im Anstaunen der Wogen, die an die Schiffsplanken schlagen; und wie wollten wir von unserer luftigen Felsenscheibe wieder heil zur Niederwelt zurückgelangen, wenn uns die Sinne verliessen und dem Leibe ihren Beistand verweigerten?

Am Ende kostet es auch keine sonderliche Ueberwindung, vom Grausig-Grossen zum Feierlich-Erhabenen überzugehen; und diesen Gegensatz bietet im Vergleich zur nördlichen Aussicht der Blick nach Westen und Süden und nach alle der Herrlichkeit, welche diese zwei Radien einschliessen. Da zeigt sich zunächst, wieder hart zu unsern Füssen, der grosse weisse Kessel des Viescher Gletschers. Dann folgen wir dem Viescher Grat bis zum Mönch hin und sehen, wie der Grat rechts die Firne des untern Grindelwaldgletschers entsendet, links aber dem gewaltigen Circus des Aletschgletschers zur nördlichen Grenze dient. Noch weiter rechts steht beinah' isolirt der Eiger hinter dem Gletscher, und die Starrheit dieses Berges wird nur dadurch gemildert, dass unmittelbar neben ihm aus fernem grünem Grunde das Dorf Grindelwald herauflugt. Links vom Viescher Grat in gemessener Entfernung: die Jungfrau und ihre Kette, die ihr von Mürren aus so lebhaft bewundert. An alle Kulme und an alle Sättel dieses mächtigen Halbkreises hinauf strebt der Aletschgletscher mit ungeheurer Wucht, er erdrückt die Sättel, ja manchmal selbst die Bergspitzen, und wenn es ihm nicht gelingt, auch die gefeiertsten Gipfel in der eisigen Masse zu begraben, so reisst er doch unerbittlich Allen den Zauber der Unnahbarkeit und überragender Hoheit vom Haupte. Er ist ein höchst demokratischer Kerl, dieser Aletsch, wie er mit den Majestäten Mönch und Jungfrau umspringt, wie er sie zwingt, recht buchstäblich bis an den Hals im Volke zu stecken. Und was dabei das Schönste: die Gesammtheit verliert nichts dabei; im Gegentheil. Es ist nicht nur eine merkwürdige Abwechslung, hier einmal, statt die hochgebornen Gipfel über die Gletscher, umgekehrt die hochwogende Gletscherfluth über die Gipfel herrschen zu sehen; es ist zugleich ein imposanteres Schauspiel, weil eine die einzelnen Berge weit überragende Masse in Thätigkeit tritt und das schimmernde Weiss dieses Firnmeeres sich in entzückende Harmonie setzt mit dem schwarzblauen Himmel. Nur Einer ist, der, am südwestlichen Saume des Firnes, noch pompöse dasteht und durch seine hochstrebende weisse Gipfelpyramide verräth, dass er sich einzig vor dem Finsteraarhorn beugt: das Aletschhorn. Doch auch von diesem weg fliegt das Auge mit Vorliebe wieder zur tonangebenden Macht dieser Region zurück. Nicht durch die Grösse allein packt der Aletschfirn den Beschauer, und durch sein herrliches Weiss, es liegt zugleich eine wunderbar erhabene Ruhe in ihm, und er dämpft recht eigentlich die Leidenschaft, die eben noch der reissende Strom des Finsteraargletschers erweckte. Und wie grossartig, bald hätt' ich gesagt, wie überirdisch muss diese Ruhe erscheinen, wenn man bedenkt, dass von den vielen Bergen und Gräten, welche den Aletsch einfassen, eine geradezu zahllose Menge einzelner Firne und Gletscher zu seiner Sohle hinabstürzen. Kleinere Reviere, wie der Wetterkessel am Fusse des Wetterhorns, werden durch einen solchen von allen Seiten erfolgenden Ansturm mächtig aufgerührt gleich einem brodelnden Gischt; der Aletsch aber saugt Alles auf, wie der Bergsee die tobenden Wasserfälle, und er begräbt selbst den wildesten Firnsturz unter seinem ruhigen Plan.

Und nun schweifet einen Augenblick über Viescher und Aletsch-Gletscher hinaus in die Weite. Da schliesst das Bild nicht, wie im Norden, mit leerer Fläche und unbegrenztem Horizont, wo Himmel und Erde in einander aufgehen, sondern wir beherrschen in einem Blicke die gesammte Südgrenze des Wallis und noch mehr dazu: die langgestreckte Kette, die mächtigste

unsers Erdtheils, vom St. Gotthard zum Monte Rosa
und vom Monte Rosa bis zum Montblanc. Und doch —
werdet ihr's glauben? — überwältigt auch dieser kolossale
Anblick nicht mehr, er bildet nur einen wundervollen
Rahmen zum Aletsch und seinem näheren Bergkranze,
der immer und immer wieder die Sinne gefangen nimmt
durch strahlende Pracht und majestätische Ruhe.

Während ich in diese Betrachtungen versunken
war, that der Menk seine Pflicht. Er wusste, was
man einem wackern Berge nach seiner Besiegung
schuldig ist: er hatte in seiner Wammstasche eine
währhafte Flasche mitgebracht, um sie auf das Wohl
des Horns zu kredenzen, und war nun mit der Ent-
korkung beschäftigt. Jakob hatte den Auftrag, das
Wahrzeichen der Ersteigung, das rothe Fahnentuch,
an einen Alpstock zu befestigen, und Kaspar, der
Chef, that einen prüfenden Blick in das Steinmannli,
das auf dem höchsten Punkt der Spitze, die an zwei
Seiten des Mannli auf unebenem Grund uns Allen zugleich nur spärlich Platz gestattete, errichtet ist. Die
aus losem Schiefer, wie ihn der Gipfel des Finsteraarhorns reichlich aufweist, thurmartig aufgebaute Mauer
zeigte, nachdem man einige Steine gelüftet, in ihrem
Bauche mehrere Flaschen. Bis auf eine aber waren
sie sämmtlich an die Steine angefroren, weshalb wir
sie unangetastet liessen. Die eine lose aber wurde
geöffnet, und wir fanden darin die Karte eines eng-
lischen Reverend. Dann notirte ich auf ein Blatt Papier
auch unsere Besteigung, worauf der Prophet und das
Weltkind in traulicher Eintracht zum Flaschenhals hin-
einschlüpften, um schon vier Tage nachher von drei
Engländern in Begleitung des renommirten Führers
Melchior Anderegg von Meiringen wieder an's Tageslicht gezogen zu werden.

Nachdem die Flasche versorgt und sorgfältig zugemauert war, handelte es sich um das Aufpflanzen der Fahne. Dies bildete einen etwas schwierigen Casus. Ihr natürlichster Platz war die Spitze des Steinmannli's, und hier wäre sie leicht zu errichten gewesen; nun wurde aber diese Spitze von der vorhin erwähnten Schneewechte überragt, und zwar bösartiger Weise just in der Richtung der Grimsel, wo wir die Weisung hinterlassen hatten, uns an diesem Nachmittag aufzupassen, um durch Entdeckung unserer Fahne die Besteigung zu constatiren. Hätten wir das Tuch auf die Mauer gepflanzt, dann würde es in der Grimsel nicht gesehen worden sein. Es blieb somit für unseren Zweck keine andere Stelle übrig, als die Höhe der Wechte. Aber die Wechte war eben eine Wechte, d. h. ein horizontal am senkrechten Felsen hangender Schnee, von dem man nicht wissen konnte, ob er seinen Mann trage; und diese angeflogene weiche Masse hing über einem Abgrunde von vielen tausend Fuss. — Pah! Hatte nicht ein Jahr vorher auf dem Wetterhorn der Menk unsere Fahne auf einem gleich gefährlichen Punkt aufgepflanzt? warum sollte es jetzt schlechter gehen? So dachte Kaspar, besann sich nicht lange, reichte seinen Brüdern das Ende des um seinen Leib geschlungenen Seiles, schwang sich behend, die Fahne in der Hand, auf die Mauer, kroch von seiner Spitze weg behutsam, sehr behutsam, in den Abgrund hinaus, auf die höchste Wölbung der Wechte und steckte die Stange mit kräftigem Stoss tief, bis an's Tuch, in den Schnee hinein. Dann kroch er eben so sachte rücklings zur Mauer zurück und nahm von dieser einen jauchzenden Sprung auf das sichere Felsenpostament. Vier Tage später hat Anderegg die Fahne von der gleichen Stelle weggehoben und auf die Mauer verpflanzt.

Das rothe Tüchlein knatterte so muthwillig in der
Luft, als wollte es von dannen fliegen, und seine warme
Farbe nahm sich recht eidgenössisch aus auf dem
blanken Schnee. Allein nun mussten auch meine
Blicke wieder mit in die Weite schweifen, und sie
eilten in eine überaus grossartige Welt hinaus. Zu
Füssen gen Südosten lag jener namenlose Gletscher,
den wir gestern in der Abenddämmerung überschritten,
und der Gipfel des Oberaarhorns schaute sehnsüchtig
zu uns herauf. Beides beschäftigte nicht lange, wir
waren bereits durch die westliche Aussicht verwöhnt;
mehr zog die Welt hin, die sich nach Osten und Südosten in die Ferne dehnte. Auch die Reviere des
Triftgletschers und der Gotthardsstock mit ihren Aus-
strahlungen hielten die Aufmerksamkeit nur eine kurze
Weile fest; denn hinter der nordsüdlichen Linie, welche
die Thäler der Reuss und des Tessins beschreiben,
begann ein eigentlich grenzenloses Meer von Bergen,
Bergketten und Berggruppen, verschneite und unver-
schneite, und es gehörte ein förmliches Studium dazu,
um nur einen Anhaltspunkt zu finden, der in das Ge-
wühl einen topographischen Sinn brächte. Ich glaube,
wenn dieses Meer von Bergen ein vollkommenes Chaos
bliebe, so müsste sein Anblick schon ein wunderbarer
Genuss sein, einzig und allein durch die über jeden
auch noch so grossen hergebrachten Massstab weit
hinaus reichenden Proportionen, wo kein einzelner
Berg mehr etwas gilt, mag er lange seine 10,000 und
11,000 Fuss übersteigen, wo selbst ganze bedeutende
Bergketten mit Mühe aus den Tausenden von Gräten
und Quergräten hervorgesucht werden müssen. Man
ist aber vollends bezaubert, wenn man bei näherem
Betrachten auch hier wahrhaft schöne Motive mit-
spielen sieht, die dem unermesslichen Ganzen Gliede-

rung verleihen und mit der Gliederung den grossartigen Effekt verdoppeln. Gleichsam wie in göttlichem Uebermuth hingeschleudert, um als strahlende Leuchtthürme aus dem Gewoge emporzuragen, sind in starken Zwischenräumen hintereinander schimmernde Firnstöcke aufgepflanzt, Saule unter dem Volke der Philister: erst die Gruppe des Piz Valrhein in Graubünden, deren Gletscherquellen zu gleicher Zeit der Nordsee und der Adria zuströmen; dann der Berninastock, der Herr des Veltlin's und des Oberengadin's, wo der Inn seinen Lauf zum fernen Euxin beginnt; endlich links hinter ihm, nach Norden abweichend, der schlanke Orteles und die Oetzthaler Ferner in Tyrol, und rechts noch viel weiter zurück, nach breitem leerem Raume, in dessen Tiefe die lombardische Ebene und das Becken des Gardasee's liegen muss, eine im Horizont halb verschwimmende Kette, wohl dieselbe, die das südliche Tyrol vom Venetianischen trennt. Während nach Norden hin die Gesichtslinie bald zusammenschrumpfte, weil das Flachland keine Anhaltspunkte bot, kann hier gegen Südosten das Auge, so weit nur die Rundung der Erde es gestattet, dem Raum in fabelhafte Fernen folgen, weil es Alpen sind und aus der unzählbaren Masse des niederen Volkes jene befirnten und isolirten Gestalten als Merkzeichen der enormen Distanzen auftauchen. Sie reissen den Blick und mit dem Blicke die Phantasie des Schauenden überwältigend hin. Wie diese Fernen an's Unermessliche grenzen, so ist masslos auch das entzückte Staunen des Glücklichen, der einen solchen Tag erlebt.

Eine halbe Stunde lang drehte ich mich oft und oft im Kreise, von einer Gruppe zur andern: vom Finsteraargletscher zum Aletschfirn, vom Aletschfirn zum Ausblicke nach Südosten, und vom Südosten zum

Finsteraargletscher zurück. Die Luft hauchte uns so köstlich warmfrisch an, dass wir es ohne alle Beschwer einige Stunden ausgehalten hätten. Leider war es uns aber nicht vergönnt, diese Zeit auszudauern. Jetzt nämlich begann Kaspar's Wetterkunde einen kleinen Triumph zu feiern. Man erinnere sich, dass mein Führer auf diesen Tag eine Krisis vorausgesagt hatte, und eben zu dieser Stunde trat sie ein. Jener lange Wolkenzug, der während des Vormittags über den Walliser Alpen geschwebt, doch ohne uns deren Kulme zu verdecken, war bereits in Bewegung gerathen und trieb, vom Südwest gestossen, mit Macht den Berner Alpen zu. Vor sich her sandten die Wolken einen feuchten Nebelwind. In spätestens einer Stunde mussten sie uns erreicht haben. Kaspar befahl beim Anblicke dieser Erscheinung den Rückzug, damit, falls es eine Weile arg werden sollte, wir uns an einer deckenden Felsenwand befänden und nicht allen Winden des kommenden Sturmes preisgegeben wären. Man begreift, wie sehr es schmerzen musste, so bald von den Wundern des Finsteraarhorns zu scheiden, doch durften wir dem Himmel unmöglich zürnen, der uns die schöne, die über alle Beschreibung schöne halbe Stunde gegönnt, während welcher wenigstens das Grösste in festen, klaren Zügen sich dem Gedächtniss einprägen konnte.

Die Rückkletterung ging in gleicher Weise und gleich geräuschvoll vor sich, wie das Aufsteigen; nur dass man diesmal beständig alle Abgründe im Gesicht hatte und deshalb doppelt sattelfest in der Schwindellosigkeit sein musste. Nach drei Viertelstunden, um $^3/_4 2$ Uhr, standen wir neuerdings auf dem Hugisattel, nahmen das hier gelassene Gepäck zu Handen und eilten spornstreichs, so gut es immer der über Mittag stark erweichte Schnee gestattete, den Hochfirn hinab. Rascher und rascher kam aber auch das Wetter uns entgegen. Schon war das Aletschhorn von den Wolken in Besitz genommen und ein Regenwind blies mit Macht über den Viescher Gletscher zum Finsteraarhorn herüber. Es dauerte nicht lange, so war auch dieses unseren Augen entrückt und wir bekamen einen Regenschauer in's Gesicht, der uns überall willkommener gewesen wäre, als auf dem verschneiten Eise. Doch der Regen hielt nur kurze Zeit an, ein Windstoss machte dem blauen Himmel wieder Luft und trieb die Nebel über alle Sättel nach Norden hinaus, um — gleich darauf aus Südwesten ein Schneegestöber heranzuschleppen. D'rauf noch einmal die Sonne, und in der Folge ein beständiger Wechsel von Sonne, Regen und Schneegestöber während der ganzen Zeit, die wir brauchten, um zur Tiefe des Viescher Gletschers zurück zu gelangen, nämlich bis $4\frac{1}{4}$ Uhr. Dann klärte sich Alles bleibend wieder auf und war wo möglich noch schöner als zuvor. Firne und Felsen erschienen wie blank gewaschen, und die ebenfalls frisch gebadete Sonne verlieh dem gesammten Revier einen glanzvollen Ton.

Irrfahrten.

Nach beendigtem Strubel, beim Wiedereintritt des schönen Wetters, standen wir neuerdings am Fusse des Rothhornsattels und schickten uns an, den Viescher Gletscher zu übersetzen, um auf dem rechten Ufer das Aeggischhorn zu erreichen, dessen Hôtel uns ein angenehmes Nachtquartier bieten sollte. Allein nachdem wir bei der Hauptarbeit der Gunst des Berggeistes in hohem Grade theilhaftig gewesen, mussten wir zum Schlusse des Tages noch den tückischen Kobolden in die Hände fallen. Hier so wenig als zur Spitze des Finsteraarhorns waren meine Führer je gegangen, wir bewegten uns also fortwährend in einem uns Allen gleich unbekannten Gebiet; aber auf . dieser Route sollte sich der Fehler rächen, den ich begangen, indem ich nicht wenigstens Einen meiner Führer aus der mit der Gegend vertrauten Dienerschaft des Grimselhospizes gewählt hatte, was hiermit meinen Nachfolgern als warnender Wink vermerkt sei. Wie hätte ich mir's aber auch träumen lassen, dass der Weg zum gefürchteten Finsteraarhorn leichter zu finden sei, als der zum unschuldigen Aeggischhorn? Doch, so sind diese heimtückischen Gletscher: hat man ihrer zwanzig überwunden, so will der einundzwanzigste wieder frisch studirt sein.

Wir überschritten in der Diagonale den Gletscher, wo er sich zwischen dem Rothhorn und dem nordöstlichen Ausläufer der Walcher Hörner hindurchzwängt, um von da an in rascherem Fall zu Thal zu steigen. Er befand sich hier auf dem Uebergange vom Firn zum gefesteten Eise, und seine vom soeben gefallenen Regen erweichte Oberfläche war mit unzähligen Schneehügelchen gekräuselt, nicht unähnlich einem von sanfter Brise erregten Seespiegel. Hie und da gab der lockere Schnee unter dem Fusse nach und liess ihn in eine Spalte gleiten, allein die Spalten waren schmal und folglich keine ernste Gefahr dabei. Der Marsch ging denn auch rasch von statten, und bald befanden wir uns im Süden des Rothhorns, mitten im Zusammenflusse des Viescher und des namenlosen Gletschers, der in prächtigem breitem Strom von Osten herab wogt. Kaum jedoch ist die Vereinigung der beiden Arme vollzogen, so verengt sich das Thal, dessen ganze Breite der Gletscher zwischen hohen steilen Bergwänden ausfüllt, das Gefälle des Eises wird stärker, die Spalten klaffen auseinander, bald werden sie nackte meergrüne Schründe, erst regelmässig die Breite des Stromes durchfurchend, dann unregelmässig, zuletzt wirr durcheinander in die Kreuz und in die Quere fahrend, dass man beinahe meint, einen von der Sonne des Sommers gelösten arktischen Meeresarm mit zerrissenen und vom Sturm gepeitschten grünen Klumpen zu überschauen.

Von weitem schon gewahrten wir, dass in dem Wirrwarr nicht durchzukommen sei, und hielten daher an das rechte Ufer an, zu dem mehrerwähnten Ausläufer der Walcher Hörner, speciell zur Abdachung des Wannehorns. Diese Abdachung strahlt gleichsam fächerförmig in den Viescher Gletscher hinein, und der hohe Rücken des Stockes ist mit einem breiten Gletscher bedeckt, der nur mit der südlichsten Spitze den Viescher Gletscher berührt; der Rest ist Felsen, der an seinem Fusse fast lauter senkrechte Wände darstellt, auf einiger Höhe aber grüne Flecke für die Schafweide bietet. Diese Weiden heissen die Trift und der über ihnen hangende Gletscher Triftgletscher.

Nach der Trift war nun unser Trachten, und als wir am rechten Ufer angekommen waren, überraschte es uns sehr angenehm, sogleich einen mehr oder weniger gebahnten Fusssteig zu finden, von welchem wir als selbstverständlich annahmen, es sei der Weg nach dem Aeggischhorn. Es ging munter die Steig hinauf, zumal das Gefühl immer ein ungemein wohlthuendes ist, nach langer nasser Eis- und Schneefahrt den Fuss auf sichern Felsen und trockenes Gras oder Moos zu setzen. Eine gute Weile stiegen wir aufwärts, als auf einmal der Weg aufhörte. Vor uns in der Tiefe fiel der Felsen steil und glatt zum Viescher Gletscher ab; vor uns in der Höhe wälzte der Triftgletscher seine Eismassen so drohend über unsern Häuptern, dass wir leicht begriffen, es sei über ihn nicht wegzukommen. Wir waren in bester Form verirrt und bissen uns tüchtig in die Finger. Nun wurde ich angewiesen, an meiner Stelle, als Pivot der folgenden Operation, ruhig zu verbleiben, indess die drei Führer in verschiedenen Richtungen aus einander gingen, um einen Ausweg aus der Klemme zu suchen. Der Eine ging da-, der Andere dorthin, und der Dritte einen dritten Weg, wo sie sich Alle sehr bald aus dem Gesichte verloren. Nur zeitweise tauchte hier und dort Einer wieder auf. Ihre gegenseitige Verbindung unterhielten sie durch Zurufe und, wo diese nicht mehr verstanden wurden, durch schrille Pfiffe und gellende Jauchzer, in welchen die Bergleute eine Virtuosität besitzen, dass sie sich auf stundenweite Entfernungen verständigen können.

Ich Pivot fand unterdessen Musse, auf dem Grase der Trift melancholische Betrachtungen über die Walliser Bergwege anzustellen. Es war nicht das erste Mal, dass sie mich foppten. Vor Jahren war ich mit zwei Freunden ohne Führer über den Rawyl gegangen und glücklich nach Ayent gelangt. Der würdige Priester des Ortes hatte uns mit gutem Muskateller und passablem Käse bewirthet und bis zum Rande des Dörfchens das Geleit gegeben. Aufgefordert, da eben die Nacht hereinbrach, uns einen Jungen seiner Heerde als Führer nach Sitten mitzugeben, deutete er mit bedeutungsvollem Finger nach der Richtung des alten Sedunum und bemerkte mit dem Aplomb jener Sicherheit, die selbst das Mysterium der unbefleckten Empfängniss nicht aus dem Sattel wirft: „Nur hier hinunter, Sie können nicht fehlen, meine Herren!“ Bei diesen Worten lüftete er sein japanesisches Pfaffenkäppchen und wir empfahlen uns ehrerbietigst. Wir glaubten Seiner Würden um so leichter, als just ein ganz markanter, sogar gepflasterter Weg vor unseren Augen lag und wir in unserer Unschuld voraussetzten, es werde wohl noch besser, auf keinen Fall schlechter kommen, je mehr wir uns der Kantonshauptstadt näherten. Sonderbare Schwärmer! Der Weg blieb recht gut und kenntlich etwa eine Viertelstunde lang, dann aber ergoss sich ein Bach auf das Pflaster, und nach und nach zweigten sich etliche Nebenwege ab, die theils parallel dem Bache führten, theils allmälig abseits in

die Wiesen und Felder verliefen. Auferzogen in ein-
seitigen cisalpinen Begriffen, denen zufolge ein Bach
ein Bach und ein Weg ein Weg ist, nicht ein Bach
ein Weg, noch ein Weg ein Bach, beschlossen wir, den
Bach gewordenen Weg zu verlassen und eine trocke-
nere Bahn zu verfolgen. „O, ihr Thoren!" rufe ich
heute uns Dreien zu, „warum soll denn die ganze Welt
über eure civilisirte Schablone gespannt sein? Warum
soll nicht zur Abwechselung auch einmal ein Bach
einen Weg vorstellen können? Und bewahrt nicht ein
solcher vor dem lästigen Staube der Heerstrasse?" —
Ja, aber wer wird denn auch auf den Gedanken ver-
fallen, einen Bach und einen Kommunikationsweg in
ein und dasselbe Rinnsal zu leiten? — „O, bei Gott
und der Faulheit der Menschen ist Vieles möglich."
Kurz und gut, wir gingen beim hellsten Mondschein
irre und gewannen die rechte Richtung erst wieder,
als wir uns mit heroischer Verzweiflung in den Bach
stürzten und seiner Bahn folgten, nachdem wir uns zu
guter Stunde noch des wohlthätigen physikalischen
Gesetzes erinnert hatten, dass das fliessende Wasser ge-
meiniglich abwärts läuft, und es uns zuletzt einzig noch
darum zu thun war, in's Teufels Namen das Rhone-
thal zu gewinnen und d'runten nach der Hauptstadt
Sitten zu fragen. Das aber war wohlgethan, denn der
Bach führte uns schnurstracks nach Sitten. — — Wenn
nun Solches in der Nachbarschaft der Residenz passiren konnte, was durfte man von dem entlegenen
Winkel des entlegensten aller Zehnten verlangen? Der
Weg, der uns in die Trift irre führte, war einfach eine
jener Schäfersteige, auf welchen die Hirten ihre Thiere
in die Weide treiben und stellenweise selbst tragen,
um sie nachher auf den rings von Gletschern einge-
schlossenen Eilanden ohne' alle Aufsicht die ganze

Saison hindurch sich selbst zu überlassen und erst im Herbst wieder abzuholen. Obschon daher von einer überhängenden Wand ein paar neugierige Schafsköpfchen sich zu uns herunterneigten, so konnten wir doch darauf zählen, dass keine Hütte und kein menschliches Wesen in der Nähe war.

„Hier geht's!" rief nach langem Suchen aus weiter Entfernung einer der Führer, und ein Posten theilte die Meldung dem andern mit, so dass die kleine Kolonne bald beim Entdecker versammelt war. Es ging einfach den Weg, den wir gekommen waren, zum Gletscher zurück, allein man hatte von oben entdeckt, dass das nackte, zerrissene Eis irgendwo eine gangbare Stelle bot.

Wir hatten glücklich die richtige Route gefunden und zum Ueberfluss bekräftigte uns dies nach einer Weile ein Zeichen auf der Moräne. Wo nämlich, aus der Trift kommend, ein Gletscherbach über den Felsen stürzt und unsere sehr nach frischem Wasser lechzenden Kehlen netzte, gewahrten wir am Boden einige Eierschalen und andere Reste einer kalten Mahlzeit, untrügliche Beweise der früheren Anwesenheit von Touristen, die auf dem Wege von der Grimsel zum Aeggischhorn hier Siesta gehalten. Die Schalen zeigten sich noch eine gute Weile thalabwärts an mehreren Stellen und dienten uns als willkommene Wegweiser.

So trollten wir uns denn beruhigt weiter den grünen Strom entlang, theils auf der Seitenmoräne, theils auf dem nackten Eise, und es störte uns nicht, dass der Gletscher immer wilder wurde. Ich hatte unterdessen — es war sehr heiss, trotz der kühlen Ausdünstung des Eises — ein sonderbares Erlebniss mit meiner Phantasie. Die Felsenwände der Trift zu unserer Rechten stiegen nämlich immer höher, oder schienen es wenigstens, und die verschiedenen Farben des Gesteins, feuchter und trockener Felsen, zeichneten gar eigenthümliche Figuren an die kalten Wände. Wiederholt schien es mir, ich sähe Schlösser in diesen Figuren, mit allem möglichen mittelalterlichen Gethürm; ja ganze Städte stiegen auf und erregten meine höchste Verwunderung. Der Verstand sagte natürlich zum Auge, es müsse sich arg täuschen, hier horste nur der Adler und anderes Gewild, das Auge aber behauptete steif und fest, gerade so sehe Stolzenfels aus, so namentlich die rheinischen Schlossruinen, und so sei im Atlas das Felsennest Milianah an den Berg Jaccar geschmiedet. Mit der Erinnerung an Milianah stiegen tausend bunte afrikanische Bilder im Gedächtniss auf, heisse Wüstenpracht, mit welcher heut die nordische Gletschersonne gewetteifert. Die Sahara begann mit dem Aletschfirn, der Beduin mit dem Hasler einen tollen Walpurgistanz, Gazelle und Gemse überflogen einander im Schnelllauf, und Strauss und Lämmergeier umflügelten sich. Dann kam ich allmälig den ersten vermeinten Schlössern nahe, das Auge musste bezeugen, der Verstand habe Recht gehabt; hier wirkten ja — fuhr der Verstand fort, und das Auge wusste nichts einzuwenden — nur graue und schwarze, trockene und feuchte Felsen zusammen, um ähnliche phantastische Gebilde zu erzeugen, wie geschmolzenes Blei oder gefrorene Fensterscheiben. Half nichts. Kaum war das höchst natürliche Räthsel gelöst, so glaubte das Auge unerschütterlich schon wieder an die folgende, wo möglich noch unglaublichere Fata Morgana. — Und das Alles beim blanken hellen Tag, nicht im trügerischen Mondlichte? — Ja. Den Grund aber hat mir seither mein Leibarzt auseinandergesetzt. Die grosse Körperanstrengung — wir waren bereits die vierzehnte

Stunde während dieses Tages auf den Beinen —, das lange Waten im Schnee, verbunden mit der stechenden Hitze, die wir vor wie nach dem Wetterstrubel auszuhalten gehabt, hatten mir das Blut dick und schwer in den Kopf getrieben, und wenn dies auch keine Kopfschmerzen, noch sonstiges Weh verursachte, so war der anormale Prozess doch mächtig genug, die Sehnerven zu alteriren und dergestalt dem Auge auf gewisse Distanz Dinge vorzuspiegeln, die in Wirklichkeit nicht existirten und nach einiger Zeit von ihm selbst als leere Hirngespinnste erkannt wurden. Diese wiederholte und andauernde Täuschung war aber so überaus energisch, wie ich mich keiner ähnlichen erinnere. Wenn in diesen Augenblicken statt jener Schlösser und Städte die heilige Jungfrau von Salettes erschienen wäre, mein Auge hätte eben so sicher daran geglaubt, trotz alles verständigen Kopfschüttelns. Die Phantasmen wichen erst jener kühleren Abendluft, die der Dämmerung vorauszugehen pflegt.

Um diese Zeit jedoch bekamen wir mit greifbareren und ernsthafteren Bildern zu thun. Wir gelangten nämlich zu der Stelle, wo der Triftgletscher zum Viescher Gletscher herunterstürzt. Der Sturz erfolgt in wilden Sätzen, dass es uns von ferne schien, dort sei nicht durchzukommen. Der Viescher Gletscher seinerseits aber sah gleichfalls sehr verworren aus. Der Kuckuk mochte wissen, wo wir hingerathen waren, und zum Unstern neigte sich der Tag recht sichtlich seinem Ende entgegen. Obschon wir eigentlich gar nicht sehr fehl waren, sondern nur an einer jener trügerischen Gletscherstellen, wo man den Weg erst suchen muss und zuweilen da den sichersten findet, wo die Sache am schrecklichsten aussieht, so glaubten wir uns gleichwohl auf's Neue verirrt und hielten bedenk-

lichen Rath. So viel erschien bereits als ausgemacht,
dass wir unter sothanen Umständen schwerlich vor
Mitternacht zum Aeggischhorn hinauf gelangen würden, und ein Jeder machte sich im Stillen auf die
Annehmlichkeiten eines zweiten Bivouaks gefasst.

Uns auf die weitere Sucharbeit zu stärken, machten wir eine kurze Rast und packten den Proviant
aus, der den allerseits leeren Mägen zu statten kommen
sollte. O Entsetzen! Der letzte unserer Schafbraten
war lebendig geworden, eine unzählige Menge von
Maden und Würmern kroch aus dem fauligen Fleisch
an's Tageslicht, um uns schönen guten Abend zu
wünschen.

— Pfui Teufel, Menk! schmeiss ihn weg.

Menk aber schaute das Gewürm und den Braten
gründlich an, er untersuchte genau, ob nicht doch noch
irgendwo ein appetitlicher Fleck aufzutreiben sei, und
erst als er auch gar nichts fand, schüttelte er unwillig
den Kopf und schleuderte den Schlegel mit einem
kräftigen „Donnersdonner" in die nächste Gletscher-
spalte. Nach diesem Verluste waren wir auf den
durstmachenden Käse und eine sehr magere Ration
Schinken reducirt; das musste auf vier strapazirte
Mann für Abend und Morgen ausreichen.

Es war kein Spass, ungesättigt nach langem
Fasten, ermüdet von der Arbeit des Tages, beunruhigt
durch die Ungewissheit unserer Lage, schnurstracks in
den Gletscher hinein zu steuern, um wo möglich gerade-
wegs über den Eisstrom noch vor Einbruch der Nacht
das jenseitige Ufer zu erreichen, wo die Beschaffenheit
der Bergausläufer versprach, uns am ehesten wieder zu
menschlichen Wohnungen zu führen. Im letzten Punkte
würden wir uns auch nicht verrechnet haben, hätte
uns der Gletscher so schnurstracks durchgelassen, wie

wir wünschten. Der war aber ein tückischer Kamerad. Erst ging es prächtig auf dem nackten Eise vorwärts. Wiesen auch die vielen Spalten tiefe und wüste Abgründe, so waren sie doch meistens schmal genug, um in einem Satz übersprungen werden zu können; und wo sie hiefür zu breit waren, da bot sich immer wieder ein Quergrat zu Diensten. Nach und nach aber geriethen wir tief in die Eiswildniss hinein, die Spalten gähnten immer breiter, schon musste da und dort das Beil zur Hand genommen werden, und statt von oben in die Spalten hinunter, begannen wir nach und nach, ohne dass man sich's dessen versah, von unten herauf nach kleinen Eisbergen emporzublicken und sie mit Hülfe des Beils zu erklimmen, um zuletzt die Entdeckung zn machen, dass an diesen Stellen nicht weiter zu kommen sei. Wohl zehn und zwanzig Mal wurden dergestalt unsere Angriffe durch die helle Unmöglichkeit zurückgeschlagen. Die Ruhe, mit welcher wir anfänglich in solchem Falle nach einer besseren Furth spähten, machte nach und nach dem Aerger Platz, und der Aerger wuchs unvermerkt zu gelinder Wuth an. Sie äusserte sich in allerlei Kraftausdrücken und in einem permanenten Laufschritt, der hie und da auch ein verwegener war; denn ich bin heute noch überzeugt, dass wir bei nüchternem Blute manch' eine Spalte sorglich umgangen haben würden, welche jetzt in der Aufregung der Besorgniss, die der sinkende Abend von Minute zu Minute steigerte, als selbstverständlich übersprungen wurde. Aber freilich, die Wuth stampft gern, und ein derbes Auftreten auf schlüpfrigem Gletschereis ist eine Grundbedingung der Sicherheit. Mir selbst begegnete es, dass ich in der zweiten und dritten Stunde keine Gefahr mehr kannte, wo ich in der ersten Stunde fast ängstlich zu Werke gegangen war und mehr als einmal gestrauchelt hatte. So macht auch in grösseren Dingen die Schlachtwuth tapferer, wenn das Geschäft im Gang ist und die Nase erst Pulver gerochen hat.

Wie? — fragt Ihr — in der zweiten und dritten Stunde, sagtest du eben? — Ja wohl, und der Himmel weiss, wie das zuging. Allein zwei volle Stunden waren wir im Gletscher oder, deutlicher gesprochen, in dem Strudel von unzähligen Eisbergen herumgesteuert, ohne die gehoffte Durchfahrt zu finden, und die Uhr zeigte die achte Abendstunde, die Bergspitzen verhauchten ihr letztes Roth, sie erblassten, die Nacht senkte sich auf das enge wilde Alpenthal. Wir aber stacken noch mitten im Gletscher. Es war die höchste Zeit, aus dem Labyrinthe hinaus zu kommen, in welcher Richtung immer es sei, wenn wir nicht Gefahr laufen wollten, die Nacht auf dem nackten Eise zubringen zu müssen. Jetzt ergriff auf mein bestimmtes Geheiss Kaspar, der bis dahin den Andern die Zügel zu frei gelassen, den unumschränkten Oberbefehl und leitete die Kolonne in rückwärtiger Richtung, aber ebenfalls nach dem linken Ufer hin, wo der Gletscher ein weniger wildes Aussehen hatte. Bereits musste sich die Mannschaft wegen der eingebrochenen Dunkelheit nahe beisammen halten, damit uns Keiner verloren ging. Anfangs wurden noch mehrere arge Schründe übersprungen und überklettert, dann aber gestaltete sich der Strom zahmer, und als die dritte Stunde dieser Irrfahrt auf dem Gletscher noch nicht ganz abgelaufen war, erreichten wir höchlich beruhigten Gemüthes die Moräne des linken Ufers an den Abhängen des Setzenhorns.

Weiter wurde auf der holperigen Moräne marschirt, welche die Sohle einer engen Schlucht bildete, wo die Eiswände des Gletschers zur Rechten und die finstern Felsenwände des Berges zur Linken dem Lichte des Sternenhimmels beinah' keinen Zutritt gestatteten. Wir hielten da unsere Blicke in einem fort spähend nach dem Felsen gerichtet, entschlossen, die erste auch nur einigermassen thunliche Schlafstelle zum Ziele der heutigen Wanderung zu wählen. Mich aber hatte unterdessen ein brennender Wasserdurst gepackt und ich schaute vergebens nach einem labenden Tropfen aus. Oft glaubte ich vor mir einen Schneefleck zu sehen, ich eilte auf ihn zu, streckte gierig die Hand aus, um den lechzenden, von Wein und Kirsch völlig angeekelten Gaumen zu erfrischen: es war jedesmal trockener, verstaubter Moränekoth.

Endlich, nach 9 Uhr Abends, also nachdem wir 17 Stunden marschirt waren, stieg die Moräne zu einer Stelle hinauf, wo der Felsen überhing und dadurch eine halbe Höhle gestaltete. Hier beschlossen wir die Nacht zu verbleiben. Mir ward grossmüthig die höhlenartige Vertiefung abgetreten, und einer der Führer kauerte sich hart an mich heran, um den Rest des geschützten Flecks zu erhaschen; die beiden Uebrigen aber betteten sich, so gut oder schlecht es eben gehen wollte, auf den trockenen Gletscherkoth. Bevor wir uns hinstreckten, war der brave Menk noch eine Strecke vorwärts nach frischem Wasser ausgegangen, er kehrte jedoch nach wenigen Minuten mit der Meldung zurück, da vorne gähne ein weiter Schrund, an den man sich bei der Dunkelheit nicht wagen dürfe, und was hinter diesem stecke, wisse der Himmel. Ich that aus Verzweiflung noch einen derben Schluck aus der Weinflasche, streckte mich in die Höhle, zog die Wolldecke über die Ohren und verfiel rasch in einen

erquickenden Schlummer. Die Uebrigen thaten des-
gleichen. Zu essen hatte Keiner verlangt, obschon wir
Alle sehr hungrig waren. Wir waren ärmer an Proviant als hungrig, und müder als arm; die geistige
Aufregung der letzten drei Stunden hatte uns sehr
ermattet, so dass Niemand etwas Anderes mehr suchte,
als Ruhe und Schlaf.

Schluss.

Die Fahrt ist zu Ende. Ich erwarte getrost, dass
der Leser uns entschuldigt, wenn er erfährt, dass wir
am Morgen des 1. August, nach einer durchmarschirten
und zwei im Felsenbivouak durchfrorenen Nächten und
nach zwei angestrengten Tagemärschen im Gletscher,
die Heimkehr zur Menschheit vollzogen.

Früh 4 Uhr, nachdem der letzte Rest unseres Pro-
viants mit Heisshunger vertilgt worden, brachen wir
auf, kletterten noch eine geraume Zeit über die Moräne, dem Gletscher entlang, stiegen dann an der
Jännialp empor und nahmen von ihrer Höhe weg,
welche eine schöne Aussicht über etliche Dörfer des
oberen Rhonethals öffnete, die Richtung nach Viesch.
Es war wieder ein glänzender Tag aufgegangen, und
drüben hoch über dem Viescher Gletscher schimmerten
die weissen Mauern des Aeggischhorn-Hôtels in der
Morgensonne. Der Tag war aber auch früh schon
heiss, und die Hitze, sammt der von den vorangegan-
genen Tagen ererbten Müdigkeit schlug mir empfindlich in die Kniee, als es von der Alphöhe die lange

Steig nach dem Viescher Thal hinunter ging. Wie viele Kirschen wir da im Vorbeigange von den Bäumen stipitzt, verrathe ich nicht. Um 9 Uhr Vormittags erreichten wir Viesch, 57 Stunden nach dem Abmarsch von Innertkirchen.

Die Fahrt war eine anstrengende; allein weit, weit über alle Mühen hinaus reichte der Genuss und reicht die Erinnerung an die erschlossenen Herrlichkeiten.

Dem Finsteraarhorn ist längst der Zauber der Unnahbarkeit genommen, und die nicht mehr seltenen Ersteigungen seines Gipfels werden ihn bald auch zu einem nicht mehr gefürchteten machen. Allein der wundervolle Berg verliert nichts dabei, wenn er nach und nach ein Gemeingut der Männer wird, deren stolzes Bestreben es ist, in der schwellenden Luft der Firne aus dem Urquell des Lebens zu schöpfen und auf hoher Alpenzinne dem Weltgeist nahe zu treten. Wie dieser Berg bis vor Kurzem einer der gemiedensten Kulme war, so wird er eines Tages vielleicht einer der gesuchtesten sein und sicherlich nichts an Grossartigkeit einbüssen, wenn Wissenschaft, Kunst und Poesie sich seiner Schätze bemächtigen. So fliehen auf allen Gebieten menschlichen Thuns die Schrecken der Finsterniss und des Aberglaubens scheu zurück vor dem Wissen und dem Muthe der Neuzeit. Die Furchtbarkeit des Finsteraarhorns ist begraben, seine Schönheit geht auf.

Additional information of this book

(Finsteraarhornfahrt; 978-3-662-23694-9) is provided:

http://Extras.Springer.com